Handmade Cosmetics

素肌にやさしい

手づくり化粧品

境野米子
Sakaino Komeko

創森社

手づくり化粧品をあなたに〜序に代えて〜

市販の化粧品は、通常、20〜30種類もの化学物質でつくられています。植物エキスが配合されていても、そのエキスは化学物質で抽出され、保存料や酸化防止剤が加えられています。

長い間、そうしたことを何も知らずに肌によいと思い、せっせと使っていました。化粧水、乳液、クリームと、メーカーの言うままにつけるのが、肌の健康によいはず、シミやシワを増やさないことだと信じて疑いませんでした。「アレッ」と思ったのは、化粧品にかぶれたからです。真っ赤になり、かゆくて不快で仕方がないのに、メーカーは「この化粧品で、これまでかぶれた人はいません。今まで安物の化粧品を使っていたので、その毒が出ているところでは。使い続ければ自然とよくなります」と言うのです。

しかし、化粧品の容器にある表示をよく見たら、食品添加物でおなじみの「発がん性がある、有害である」と騒がれている化学物質が入っていました。「こんなのいや」と思いました。食品を買うときには、安全性に気をつけて、着色料や保存料が入っている漬物、かまぼこ、ハムなどは決して買わないのに、平気で化学物質だらけの化粧品を買っていたのですから、我ながら信じられない思いでした。

＊

そんな私と同じ体験をした方たちが、全国にはたくさんおられると思います。実際、「どんな化粧品を使っていますか」「どれを使ったらよいか教えてください」とずいぶん質問をされます。「何を使っても合わない」「肌がもうボロボロです」と訴える人たちも

少なくありません。私もそうですが、肌がかぶれても、ぽつぽつができても、やはりおしゃれがしたい、化粧品を使いたいのです。
そんな方たちにも、本書でご紹介する手づくり化粧品なら自分の肌と相談しながら試してもらえるのではと思います。私は素肌を健康にするためには、基本的には化粧水だけで十分と思います。肌がパサパサに乾燥しがちな季節や頬などの乾燥している部分にだけ油分を補うケアのほうが、健康な肌を取り戻していけるのではと考えています。

＊

素肌を健康にするお手伝いをする手づくりコスメは、自分の身体に合った素材で、化学物質は最小限に、自分の肌に合わせてつくることができます。少量だけつくれば、保存料を入れる必要はありません。庭先で育てているハーブやいつも飲んでいるお茶、食べ物でつくることができますから、自分に合う化粧品がないと嘆いているあなたでも、大丈夫と思います。あなたの肌がどんなものを喜ぶのか、メーカーに聞かないで、お肌に聞いてください。そうして仲良くコスメとつきあっていってください。
いうまでもありませんが、何といっても素肌の健康が一番大切です。素肌が健康でなくては化粧をしても楽しくありません。そのためには、どうするかについても3章や各箇所に記しました。洗顔、メイクについても自分なりのポリシーをもって、肌や髪を大切にしていきたいものです。世界にひとりだけのあなたなのですから。この本がそのお役に立てますようにと祈っています。

2005年　初夏

境野米子

素肌にやさしい手づくり化粧品◉もくじ

③「自分で実感」が近道　肌診断法と肌タイプ別化粧品　61

手づくり化粧品は、なぜよいのか

1 保存料も界面活性剤も入れないから安心 化学物質は最小限に

市販の化粧品には、赤ちゃん用の保湿化粧水ですら、通常、20〜30種類もの化学物質が配合されています。また、一般に化粧水には保湿剤や油剤を入れるため、界面活性剤や安定剤が配合されています。自分でつくれば保存料も界面活性剤も入れずに、化学物質も最小限でつくることができます。

化粧品の保存期間は薬事法で3年と決められていますので、市販の化粧品には保存料が配合されています。しかし、自分で短期間で使いきる量をつくれば、保存料を入れる必要はありません。

2 化粧水には保湿剤や油剤は不要 油分は乳液やオイルで補う

乾燥肌の女性が増え、また室内も冷暖房によって乾燥しやすい状況にあります。そのためか、市販の製品には一般に化粧水であっても保湿剤や油剤が配合されています。いつも油剤を肌に塗っていると、私たちの肌は、かえって自然の皮脂が出にくくなってしまいます。つまり、ますます乾燥しやすい肌になってしまうのです。

本書で紹介する化粧水は、すべて油剤を入れずにつくります。手づくり化粧水をつけて自然な皮脂の分泌を促し、健康な肌を取り戻してください。また、界面活性剤を加えずにつくるので化学物質が肌に入りにくく、素肌の健康にとって最適な環境をつくることができるのも利点です。

お肌に必要な油分は、本書の手づくりの乳液やオイルで補ってあげてください。

3 食べられるものであれば、肌にもよいはず 花や葉、自然を少しいただく

自然素材だから、ハーブだからといって、すべてが安全なのではありません。パイナップルを食べて1か月も声が出なくなったり、天然温泉

に入浴して全身がかぶれた体験をもつ私にとって、自分に合うものを探すのは命がけです。

自分が食べたり飲んだりしているものであれば、肌にもよいはず。おいしく食べている身近な素材から、コスメづくりを始めましょう。花や葉など、初めて使う素材なら、必ずパッチテスト（方法はｐ16）をしてください。

手づくりコスメは、少量だけつくれるのもうれしい点です。世の中は美しいものであふれているのですから、そんな感動を与えてくれた花や葉、自然を少しいただき、自分に合うコスメをつくってみてください。

4 古くなったら、かかとやひじへ 入浴剤や殺菌スプレーにも

花の命は短くて……といいますが、鮮やかな緑色も、やがて退色したり褐色に変わるのが自然です。たとえば、つくってから時間が経ってしまったコスメ。

「ちょっと古くなって、心配で肌に使えない」と思ったら、足のかかとやひじへ使います。また風呂に入れましょう。あるいは、冷蔵庫の中に殺菌を兼ねてスプレーするのもいいですよ。乳液やオイルはやはり足のかかとやひじへ使い、また風呂に入れます。さらに無垢の木製建具や家具の掃除に使えます。ピカピカになります。

また、素材によってはオリが底に沈むことがありますが、使用にはとくに問題はありません。

用意するもの〜基本の材料〜

水道水やペットボトルの水など、
ふだん飲んでいる水を基本に

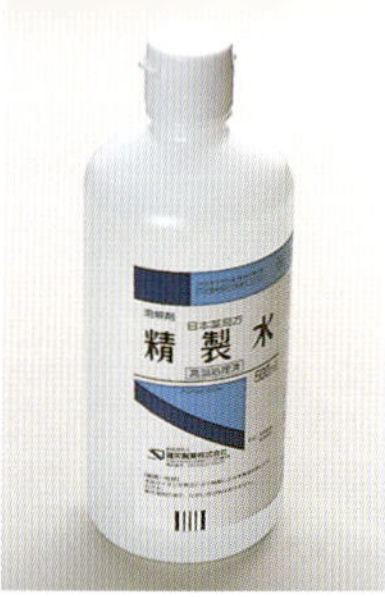

精製水は不純物や細菌
を除去してある

ここで紹介する材料は、すべて全国の薬局やドラッグストアなどで販売されています。

精製水

化粧品づくりには、通常飲んでいる水を利用するのが基本です。飲んでいる水以上の高価な水を購入し、それを肌に塗っても仕方がないし、必要がないと思います。ふだん水道水を飲んでいる人は水道水で、ペットボトルの水を飲んでいる人はペットボトルの水でつくってください。

しかし、コスメの保存性・安定性を高めたい、あるいはプレゼント用につくりたいと思うなら、迷わずに「精製水」を購入して使ってください。

「精製水」は水を蒸留、イオン交換、超ろ過などの組み合わせで精製したものです。蒸留することによってアンモニアや二酸化炭素などの揮発性の不純物、また塩類、有機物を取り除くことができます。イオン交換では、カリウム、カルシウム、鉄などの陽イオンや、亜硝酸、硫酸、炭酸イオンなどの陰イオンを取り除きます。超ろ過では、逆浸透膜などを用いて圧力をかけることで、不純物や細菌を除去します。

精製水は無菌ですが、フタを開けたら使いきるようにしてください。無菌の精製水でも約15℃の室内に1週間放置すると菌がかなり増殖し、2週間前後放置すると1㎖中で数千個にも達することがわかっています。

消毒用エタノール

エタノールには、「エタノール」「無水エタノール」「消毒用エタノール」などがあり、濃度や価格が違います。エタノールは揮発性がありますから、火の近くでの使用は要注意。コスメづくりには、安全性、価格、使いやすさから、「消毒用エタノール」がおすすめです。

「消毒用エタノール」には、殺

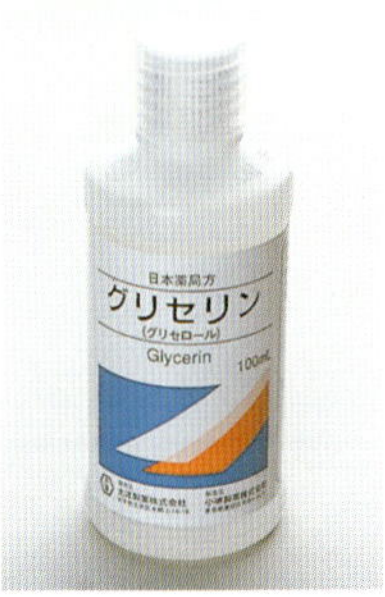

グリセリンは肌になじみ、保湿効果がある

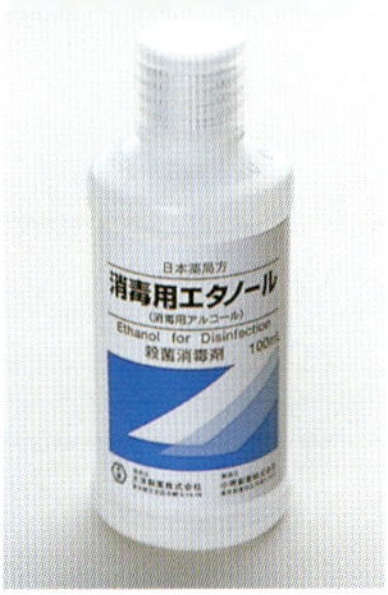

消毒用エタノールがよい。「無水エタノール」は引火性が強く不向き

菌力があります。そのために、注射する際の皮膚や注射針などの消毒に用いられてきました。また、冷蔵庫の清掃などに使っている人も多いのではないでしょうか。

　エタノールは、紀元前からお酒として飲まれてきましたが、蒸留して医薬品として使ったのは13世紀の後半からです。エタノールの代謝機能は古くから広く知られていて、化粧品の材料としては、それだけ安全性が高く安心といえます。

　皮膚や粘膜に対しては、刺激性や収れん性があり、また皮膚を冷やす性質もあります。皮膚の感受性には個人差があり、人によっては、「消毒用エタノール」を使ったコスメが皮膚をピリピリ、ヒリヒリさせるかもしれません。一時的なそうした刺激を、心地よく感じる人と、痛みや不快に感じる人がいます。痛い、あるいは不快に感じる人は、「消毒用エタノール」の代わりに「焼酎」や「ホワイトリカー」「日本酒」などを使用してください。

グリセリン

　無色透明無臭で、とろりとした粘性があり、なめると甘みがあります。吸収性が高く、「グリセリン」とは、ギリシャ語の甘みという語にちなんだ名です。

　グリセリンは皮膚をやわらかくし、皮膚を保護して外部の刺激から守り、また有害物質の侵入を防止する作用があります。医薬品として、唇のき裂、ひび、あかぎれ、皮膚の荒れなどに使われてきました。体内に入るとグリコーゲンの前駆体となり、およそ80%が炭酸ガスとして呼気中に、残りは6%が尿に、1%が糞に排泄され、通常の代謝経路で代謝を受けます。というのも、天然の油脂の多くは脂肪酸とグリセリンの化合物。1779年に発見され、古くから使用されてきた歴史があるだけに、安全性が高い物質です。市販の多くの化粧品には保湿剤として、また肌へのなじみよさや感触をよくするためにも使われています。

　グリセリンは水分を吸収しやすいので、きちんと密封して保管することが大切です。

クエン酸

　白色の結晶、または粉末で、においはありません。強い酸味

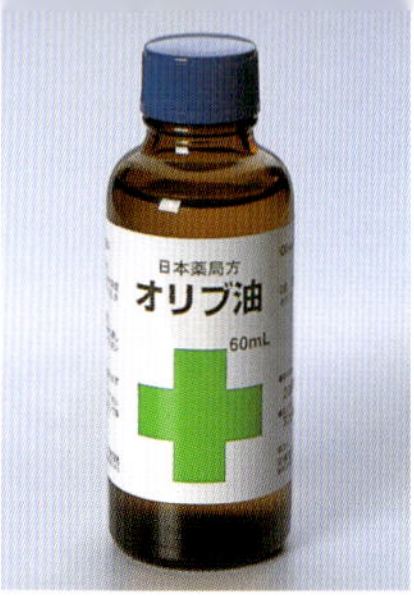

日本薬局方オリブ油は純度や腐敗の程度が厳しくチェックされている

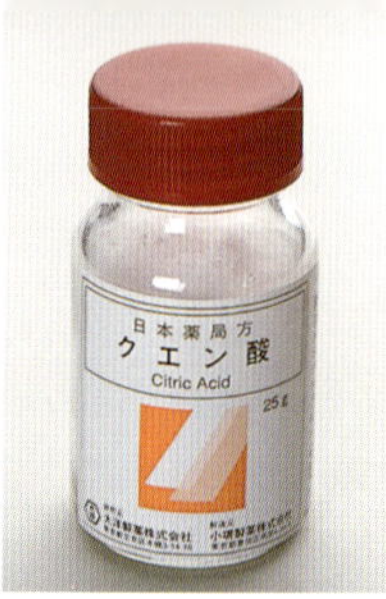

クエン酸は水に溶けやすく、収れん作用がある

があり、水に溶けやすい性質があります。

広く動物や植物に含まれていますが、１７８４年にレモン汁から初めて純粋な結晶が取り出されました。私たちの体内では、細胞内物質代謝において重要なクエン酸回路（クレブルスサイクル）に関与しているなど、安全性が高い物質です。皮膚には収れん、刺激作用があります。

クエン酸は食品添加物として、清涼飲料水の酸味をつくるのに使用され（４gはレモン１個分の酸味に相当）、また医薬品としては製剤原料として清涼、酸味など味をよくするために使われています。皮膚には、足の洗浄、舌がんの洗浄などに使われます。化粧品原料としては多くの化粧品に、収れん、pH調整効果のために使われています。

乾燥した空気中で風解（カラカラに乾燥し粉末状に変化）するので、保管する際は、密封して空気にできるだけ触れさせないようにします。

日本薬局方オリブ油

乳液づくり、肌や髪のオイルマッサージなどで使用します。日本薬局方オリブ油は安価でくせがなく、化粧品づくりに適しています。綿実油、ナタネ油、ゴマ油、ラッカセイ油などの他の油が混ざっていないこと、また酸価、ケン化価、不ケン化物、ヨウ素価など、腐敗の程度や純度が厳しくチェックされています。日本薬局方オリブ油ではない、市販のオリーブオイルを使う場合は、良質なバージンオイルを選んでください。

オリーブの栽培が始まったのは、紀元前３０００年ごろとされています。人類とのつきあいが長く、また世界各地で栽培されています。わが国には、文久年間（１８６１年ごろ）に渡来したといわれています。

このほか基礎的なオイル（p102）には、椿油やゴマ油、エゴマ油などがあります。お好みのものを選んで使ってください。

オリーブオイル、椿油、ゴマ油、エゴマ油などの基礎的なオイル

用意するもの～用具と容器～

ロウト

できればガラス製やステンレス製のものを。ロウトを使って、小口の容器に液を流し入れます。

すり鉢とすりこぎ

小さめのものを。ハーブや漢方薬、野菜など、材料を必要に応じて砕くときに使用します。

茶漉し

できればステンレス製のものがよいでしょう。

箸やトング

煮沸殺菌した容器などを、挟んで取り出すのに使います。

保存容器

化粧品を入れる容器は、ガラス製で、きちんとフタができるものが保存に適しています。プラスチック製のものは携帯用にはたいへん便利ですが、可塑剤などが浸出する可能性があります。旅行用や外出用に限定するなど、目的別に使い分けるほうがよいでしょう。

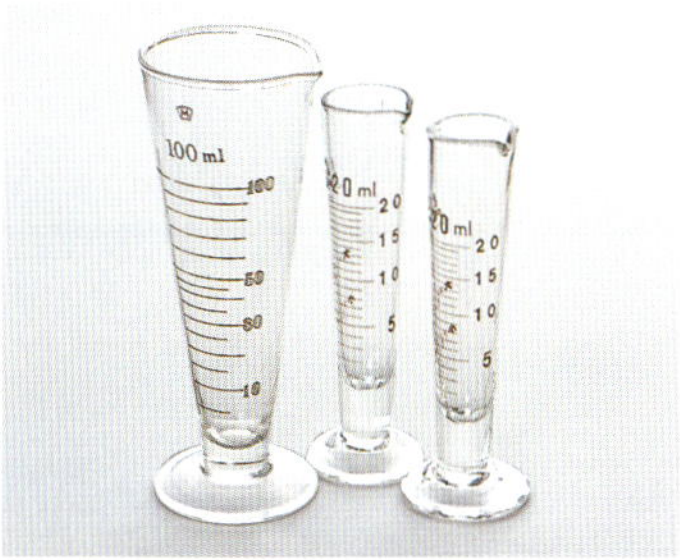

シリンダーまたは計量スプーンなど

本書では主な材料である消毒用エタノールは15mℓ、グリセリンは10mℓを基本量にしています。10mℓ、15mℓの数値が計れるものがよいのですが、なければ計量スプーンを利用してください。10mℓは小さじ2杯、15mℓは大さじ1杯です（詳しくはp14）。

泡立て器

小さい泡立て器があると、液を混ぜるのに重宝します。100円ショップなどでも入手できます。

秤

1g単位で計れるものがよく、0.5gまで計れるものがあればなおよいでしょう。

鍋

容器や用具を煮沸殺菌するのに使います。ホウロウでもステンレスやアルミ製でも。

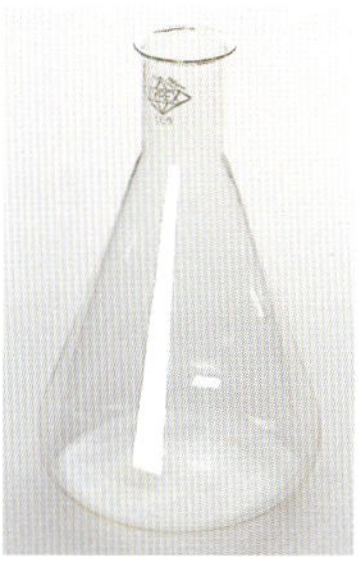

フラスコまたはコップ、ガラス瓶

材料を混ぜ合わせるガラス製の容器を用意してください。フラスコがなければ、コップやガラス製の各種瓶などを。

化粧水、乳液づくりの手順とポイント

化粧水

1 容器や用具の煮沸殺菌をする

できあがった化粧品を入れておく容器、使用するロウト、シリンダー、茶漉しなどの用具は、まず、よく洗います。それを鍋に入れて、たっぷりの水を注いで火にかけ、沸騰したら1～2分煮続けて煮沸殺菌します。ぶつかり合ってガラガラと激しい音をたてることや、割れるのを防ぐためには、鍋の底に布巾やタオルを敷いておくとよいでしょう。

2 次に容器や用具を取り出し、清潔な布巾を敷いた上に置いて水けをきる

容器の内側は布巾などで拭かないようにします。水けをきった後、内側に水滴が残っていてもかまいません。

3 材料を計る

本書で使う材料は、消毒用エタノールやグリセリンなら15㎖、10㎖が基本の量です。ハーブ類や野菜などは1g、あるいは0.5gといった少量です。これらを手持ちの秤や計量カップで計るのは「むずかしい」と思われるかもしれません。

特別な贈り物にする場合ならともかく、自分で使うのであれば、細かい計量ができる道具をわざわざ買わなくてもよいと思います。およその分量でかまいません。

たとえば、15㎖なら大さじ1杯、10㎖なら小さじ2杯です。または1㎖は1gに相当しますので、秤にのせて計ってもかまいません。0.5gなら1gを計り、その2分の1を取り分ける方法もあります。そんな工夫をしてみてください。

ポイントは、最初につくるときは少なめに入れることです。後は、多少の違いは気にせずに。あなたの肌に合えば、ちょっとした多い少ないはあまり気にすることはないのです。楽しみな

がら、お肌と相談しながらつくってください。

4 ハーブや漢方薬、野菜など、材料は必要に応じて砕く

5 材料のエキスを抽出する

抽出する場合は、消毒用エタノールや焼酎などに漬けてしばらく置きます（詳細は各つくり方を参照）。蒸発しないようにラップをかけておきます。

6 容器に茶漉しをのせ、抽出液をろ過する

たとえばニンジン化粧水を例にとると、消毒用エタノールに小さく切ったニンジンを一晩漬けた後、液を「漉す」という作業があります。ニンジンなら、茶漉しを使う程度で漉すことができます。しかし緑茶のような場合、茶漉しだけでは濁りや細かな茶が取りきれません。その場合は、さらにガーゼや紙製のフィルター、クッキングペーパーなどを使います。

7 精製水やグリセリンを加えて混ぜる

8 作成日や名称を記したラベルを貼る

乳液

1 精製水とグリセリンを混ぜる

2 好みの素材のエキスを加える

（詳細は各つくり方を参照）

3 オリーブオイルを入れる

4 よく混ぜる

知っておきたいコツのコツ5か条

1 材料を知り、選ぶ

生のハーブや野菜など、エキスを抽出する材料は、できるだけ無農薬で有機栽培による新鮮なものを用意します。

2 パッチテストを忘れずに

自然の原料でもアレルギーは起きます。パッチテストをお忘れなく。パッチテストは、化粧水や乳液など手づくりコスメを腕の内側に少量塗り、1〜2日間そのままにして様子をみます。かぶれやすい人は2日間（風呂に入ったら、つけ直す）、かぶれたことがない人は1日を目安にしてください。

3 つけないほうがよいこともある

材料である消毒用エタノールやホワイトリカーの刺激が、強すぎて肌に合わない人もいます。とりわけ炎症が起きている肌には、ピリピリと刺激があります。そうした肌は、むやみに化粧水や乳液をつけずに何もしないのが一番です。炎症肌用の皮膚再生液（p80）などで様子をみます。乾燥がかなりひどいようなら、肌のオイルパック（p119）など、純度の高いオイルを補う程度のケアで様子をみましょう。

4 清潔な容器や用具を使う

つくる化粧水が少しでも長く保存できたほうがよいと思うなら、なおのこと煮沸殺菌して使ってください（方法はp14）。

5 夏場は冷蔵庫で保存を

つくった化粧品は冷暗所で、夏場は冷蔵庫で保存します。とはいえ、保存はハーブや野草を入れないもので、長くて6か月です（目安は各つくり方参照）。

1

色と香りを楽しむ 肌と心の化粧水

自然の色いろいろ

生命の化粧水

春には庭のスギナをドッサリ取ります。陰干しで乾燥させ、お茶にして飲んでいます。その摘み取ったばかりのスギナに、消毒用エタノールを入れて一晩置きました。翌朝、そのなんとも鮮やかなエメラルドグリーンの色に驚きました。スギナが持っている生命の色だと思いました。

それからは、子どものころに毎日遊んだママゴトのように、さまざまな野の花や野菜や果物などで

スギナ化粧水
（つくり方p23）

クチナシ化粧水
（つくり方p21）

化粧水をつくってきました。そしてやはり化粧品には色や香りが大切だと思うのです。とりわけ、ぱっと目に入る色は、それだけでも夢の世界に誘ってくれるような気持ちがします。

ここでは、とびきり色の美しい化粧水を集めてみました。

ハイビスカスの花の化粧水
（つくり方p20）

ミント化粧水
（つくり方p22）

サフラン化粧水
（つくり方p22）

ハイビスカスの花の化粧水（左）とハイビスカスの花

ハイビスカスの花の化粧水

ハイビスカスティーを薄めてつくる、燃えるような赤い化粧水です。ハイビスカスの抽出液は殺菌作用や免疫賦活作用、またかゆみを止めたり、炎症を抑える効果があります。

エジプトのレストランで生まれて初めて真っ赤なハイビスカスティーを飲んだときの感動は、どう表現すればいいでしょうか。外は40℃を超える熱い砂漠、そこを2時間ほど歩いてきて、やっとありついた冷たいティー。しかも強烈な赤色で、ちょっと酸味のあるさわやかな味。「おいしい!」と叫び、早速市場で買い求めたものの、帰国後は、もっぱらコスメづくりに愛用しています。

日本でも入手しやすくなりましたので、鮮やかな色合いを楽しみたいときにおすすめです。

◆材料

精製水……100㎖

消毒用エタノール……15㎖（大さじ1）

グリセリン……10㎖（小さじ2）

ハイビスカスの花（乾燥）……1g

●つくり方

❶精製水100㎖にハイビスカスの花1gを入れて沸騰させ、ハイビスカスティーをつくる。

❷①を冷まして茶漉しで漉し、消毒用エタノール、グリセリンを加えてよく混ぜる。保存は、3〜4か月前後。

はでやかな赤色が際立つ

クチナシ化粧水（左）とクチナシの果実

クチナシ化粧水

クチナシは、花の香りにも個性的な強さがありますが、果実の色も実に鮮やかです。漢方薬としては、消炎・解熱・鎮静作用・止血作用があり、肝炎、黄疸、鼻血、血尿、不安、不眠などの症状にあわせて用います。また打撲やねんざ、神経痛の痛みや腫れなどには皮膚に塗って用います。

コスメづくりでは、効果を求めるあまり量を多く濃くしすぎないことが大切です。クチナシは少量でもよく色が出て、淡黄色の美しい化粧水ができます。

◆材料
精製水……100㎖
消毒用エタノール
……15㎖（大さじ1）
グリセリン
……10㎖（小さじ2）
クチナシの果実（乾燥）
……半個

●つくり方
❶精製水100㎖にクチナシの果実を入れて沸騰させる。
❷①を冷まして茶漉しで漉し、消毒用エタノール、グリセリンを加えてよく混ぜる。保存は、3～4か月前後。

ワンポイント・アドバイス
グリセリンは保湿剤。乾燥しがちな肌の人は20㎖、普通肌の人は10㎖を目安に。また冬は20㎖、夏は10㎖にするなど、入れる量を加減するとよいでしょう。

消毒用エタノールに入れ抽出したクチナシの果実のエキス

サフラン化粧水（左）とサフランの花柱

サフラン化粧水

◆材料
精製水……100㎖
消毒用エタノール
……15㎖（大さじ1）
グリセリン
……10㎖（小さじ2）
サフランの花柱（乾燥）
……1〜2個

消毒用エタノールに入れて抽出したサフランの花柱のエキス

古代から染料として使われ、高貴な色を染め出すサフランは、パエリアやブイヤベースなど料理の色や香りづけにも使われてきました。その可憐な濃い赤紫色の花が、わが家の土手に群れ咲いています。花からこぼれる橙赤色の花柱を乾燥させて使います。ほんの少量でも、鮮やかに染まります。

漢方薬としては更年期障害や月経不順に処方されています。金より高価とされるサフランのやさしい黄金色を入れて化粧水をつくります。少しも無駄にせずに大切に使いたいと、心底思います。

●つくり方

❶消毒用エタノールにサフランの花柱を入れ、1〜2時間置いてエキスを抽出する。

❷精製水に①のエキスを茶漉しで漉して入れ、グリセリンを加えて混ぜる。保存は、3〜4か月前後。

ミント化粧水

◆材料
精製水……100㎖
消毒用エタノール
……15㎖（大さじ1）
グリセリン
……10㎖（小さじ2）
生のミントの葉
……1g
（乾燥なら0.5g）

2〜3枚のミントの生葉に消毒用エタノールを注いで一晩置くと、深いエメラルドグリーンに染まります。キラキラと輝く緑色の化粧水を見つめていると、自然は、なんという美しさに満ちている

ミント化粧水（左）とミントの葉

のかとあらためて思います。乾燥したミントの葉でつくると、生葉の場合ほど鮮やかな緑色にはなりませんが、エキスの薬効は同じです。

●つくり方

❶消毒用エタノールに生のミントの葉を入れ、一晩置いてエキスを抽出する。

❷精製水に①のミントのエキスを茶漉しで漉して入れ、グリセリンを加える。保存は、3〜4か月前後。

スギナ化粧水

鮮やかな緑色に染まったスギナエキスの瓶を高く持ち上げたとき、ワアーと歓声があがりました。輝くばかりの美しい緑色に参加者はみな驚いたのです。私が暮らす古民家で開いた、最初の手づくり化粧水講座のときでした。

スギナを消毒用エタノールに一晩つけただけのエキスが、だれもが驚き見とれるような緑色なのです。人は見かけによらないといいますが、植物も見かけによりません。淡い黄緑色のガサガサした細い葉に与えられている生命の色は、濃い、濃い、それは深い色でした。コスメづくりは、そんな神秘をも教えてくれる、魅力的な体験です。

●つくり方

❶消毒用エタノールに生のスギナの葉を入れ、一晩置いてエキスを抽出する。

❷精製水に①のエキスを茶漉しで漉して入れ、グリセリンを加えて混ぜる。保存は、3〜4か月前後。

◆材料

精製水……100㎖

消毒用エタノール

……15㎖（大さじ1）

グリセリン

……10㎖（小さじ2）

生のスギナの葉

……1g（乾燥なら0.5g）

消毒用エタノールに入れて抽出したスギナの葉のエキス

花の女王の優雅をまとう

バラ化粧水

左：バラ化粧水（ナチュラル）
右：バラ化粧水（ピンク）

バラ化粧水（ナチュラル）

バラの花でつくる化粧水は、芳香も色合いも気品に満ちて、世界中の女性に愛されてきた花の女王ならではの優雅さです。

ある日、わが家に大きな箱が一つ届けられました。フタを開けてびっくり。中は全部大輪のバラの花でした。

濃紅色、淡い桃色、黄色、オレンジ色。「農薬を使わないでつくりました。お風呂に浮かべて楽しんでください」と手紙が添えられていました。なんという贅沢よ！ 使いきれなかった花びらは、乾燥させてから冷凍保存をして、しっかり化粧水づくりに役立てています。

バラの花びらは乾燥でも生花でもどちらでもかまいませんが、できるだけ無農薬のものを手に入れて使ってください。

◆材料

精製水……100㎖

消毒用エタノール……15㎖（大さじ1）

グリセリン……10㎖（小さじ2）

バラの花を乾燥させたもの……1g（生の花びらなら1個分程度）

消毒用エタノールに入れて抽出したバラの花びらのエキス。赤い花はほんのりピンク色に

●つくり方

❶バラの花に消毒用エタノールを入れ、一晩置いてエキスを抽出する。

❷精製水に①のバラの花のエキスを茶漉しで漉して入れ、グリセリンを加えて混ぜる。保存は、3〜4か月前後。

バラ化粧水（ピンク）

バラ化粧水（ナチュラル）に、ハイビスカスティー（つくり方はp20のハイビスカスの花の化粧水参照）を数滴たらす。

乾燥させた赤いバラの花びら（左）と小ぶりな赤いバラの花

ワンポイント・アドバイス

◎バラ化粧水の色と香りを演出

赤いバラでつくった化粧水の淡い色合いはなんともいえずきれいですが、赤色を少し濃くしたいときは、ハイビスカスティーを数滴たらしてピンク色に染めます。黄色の花の色を演出したいときは、クチナシの煮出し液（p21）を加えて黄色にします。香りをより演出したいときには、薬局で販売されている「バラ水」を少したらすとよいでしょう。

可憐な花のエキスを詰めた

ラベンダー化粧水

北海道からラベンダーの花束が贈られてきました。薄紫色の小さな花から、たくましい強い香りが立ち上がってきます。寒い季節をじっと耐えて芽吹く植物たちは、みな香りや色に特有の強さがあります。

可憐な花の香りと強さがいっぱい詰まった人気の化粧水です。

●つくり方

❶ラベンダーに消毒用エタノールを入れ、一晩置いてエキスを抽出する。

❷精製水に①のエキスを茶漉しで漉して入れ、グリセリンを加えて混ぜる。保存は、3～4か月前後。

◆材料

精製水……100mℓ

消毒用エタノール

……15mℓ（大さじ1）

グリセリン

……10mℓ（小さじ2）

ラベンダー（乾燥）

……0.5g（生なら1g）

芳香剤としても人気の乾燥ラベンダー

消毒用エタノールに入れて抽出したラベンダーエキス

ラベンダー化粧水

しなやかな香りのプレゼント

かぐわしい化粧水

サンショウ化粧水

漢方薬として健胃、整腸作用など有用なサンショウですが、塗り薬としても、ひざのかぶれ、水虫、毒虫刺され、ひび、あかぎれなどによく効きます。かゆみがある肌には、この化粧水を精製水で薄めて使うとよいでしょう。

サンショウのかぐわしい香りは料理に欠かせませんが、私は季節に生の葉を冷凍しておき、せっせと化粧水づくりにも使っています。

◆材料

精製水……100㎖

消毒用エタノール

……15㎖（大さじ1）

グリセリン

……10㎖（小さじ2）

生のサンショウの葉

……1g

（乾燥なら0.5g）

●つくり方

❶消毒用エタノールに生のサンショウの葉を入れ、一晩置いてエキスを抽出する。

❷精製水に①のエキスを茶漉しで漉して入れ、グリセリンを加えて混ぜる。保存は、3～4か月前後。

ジャスミン化粧水

ジャスミンの香りを生かした化粧水です。ふだん飲むジャスミンティーでつくる方法と、ジャスミンのエキスを消毒用エタノールで抽出させてつくる方法があります。お茶からつくるほうが、飲用に化粧水用にと香りや味わいを2倍楽しめる気がして、私は好きです。

◆材料

◎抽出したエキスでつくる場合

精製水……100㎖

消毒用エタノール

……15㎖（大さじ1）

グリセリン……10㎖（小さじ2）

ジャスミン（乾燥）……1g

◎ジャスミンティーでつくる場合

精製水……100㎖

ホワイトリカー（または焼酎など）

……15㎖（大さじ1）

グリセリン……10㎖（小さじ2）

ジャスミン（乾燥）……1g

●つくり方

◎抽出したエキスでつくる場合

❶消毒用エタノールにジャスミンを入れ、一晩置いてエキスを抽出する。

❷精製水に①のエキスを茶漉しで漉して入れ、グリセリンを加えて混ぜる。保存は、3～4か月前後。

◎ジャスミンティーでつくる場合

❶精製水にジャスミンを入れて沸騰させ、ジャスミンティーをつくる。

❷①を冷まして茶漉しで漉し、ホワイトリカー、グリセリンを加えて混ぜる。保存は2か月前後。

ジャスミン化粧水　　サンショウ化粧水

消毒用エタノールで抽出したジャスミンのエキス。濃いめのジャスミンティーでつくる方法も

抽出したサンショウエキス。個性的な香りが持ち味

コラム①

抽出後の葉や花は消臭剤に

消毒用エタノールでエキスを抽出した後の植物は、捨てずに、しっかり活用を。ハーブ類や柿の葉、シソの葉、バラの花など、消毒用エタノールに漬けていた花、茎、葉は、消臭・脱臭剤として利用できます。

殺菌効果があるうえに、安全です。濡れているうちは瓶に入れて、冷蔵庫や靴箱、流しの下、あるいは何かのにおいがついた戸棚などへ。部屋でペットを飼っている人は、部屋に置きます。乾燥したら袋に入れて、靴の中に入れたり、風呂に浮かべてもよいでしょう。瓶や袋の口は、開けておきます。

カボチャの種は、干して炒って保存。お茶にして飲んだり、うがい薬に

カボチャの種の煮出し汁を、うがい薬に

カボチャの種を捨てていませんか？　それは、もったいない。種はよく洗ってぬめりを取り、日干しにします。それを、鍋で炒ります。パチパチと跳ねる音がしてきたら火を止め、冷まします。これを瓶に入れて、冷暗所で保存します。

この炒ったカボチャの種大さじ3～5に、1ℓの水を入れて、10～15分間、煮出してお茶として飲みます。私は野草茶に混ぜて飲んでいます。

また、のどがいがらっぽいとき、痛いとき、声が出にくいときなどに、うがい薬としても使います。このときは、お茶よりも濃いめに煮出します。沸騰したら弱火にして、1ℓの水が半量～3分の1量になるまで煮詰めると、うがい薬ができます。

葉、茎、花は捨てずに消臭、脱臭、殺菌に使う

2

身近にある素材でつくる

肌にやさしい化粧水

刺激が少なくおだやかに効く

穀物と豆の化粧水

食物の中でも最も大切な穀物と豆。人間とのつきあいも長く、肌への刺激が最も少ない素材の一つといえるでしょう。

穀物や豆は、その滋養成分をしっかりいただくために、炒って使います。炒ったものを消毒用エタノールに漬けてエキス分を抽出したり、水を入れて煮出した液に消毒用エタノールを入れて化粧水をつくります。敏感肌の人は、消毒用エタノールの代わりに、ホワイ

麦化粧水
（つくり方p36）

黒豆化粧水
（つくり方p38）

ハトムギ化粧水
（つくり方p36）

トリカーや焼酎などを使うとよいでしょう（詳しくはｐ70～敏感肌用の化粧水を参照）。

ゴマ化粧水
（つくり方p38）

大豆化粧水
（つくり方p37）

玄米化粧水
（つくり方p36）

穀物と豆、いろいろ

●ただいまエキスを抽出中

炒った穀物や豆は、早いものは一晩、時間がかかるものは一週間ほど消毒用エタノールに漬けて、エキスを抽出します（つくり方p36～）。

炒った玄米

玄米エキス

ハトムギエキス

炒ったハトムギ

炒った麦

麦エキス

大豆エキス

炒った大豆

黒豆エキス

炒った黒豆

黒ゴマエキス

炒った黒ゴマ

玄米化粧水

炒った玄米の香ばしさと神秘的な色合いが魅力の化粧水。ビタミンやミネラルが豊富な玄米の効用はよく知られています。肌がきれいになった、便通がよくなったなど、食べての効果を実感している人も多いことでしょう。肌にもふんだんにいただきましょう。

◆材料
精製水……100㎖
消毒用エタノール
……15㎖（大さじ1）
グリセリン
……10㎖（小さじ2）
玄米……大さじ1

●つくり方
❶玄米は鍋またはフライパンで炒る。消毒用エタノールに炒った玄米を入れ、一晩置いてエキスを抽出する。
❷精製水に①の玄米エキスを茶漉しで漉して入れ、グリセリンを加えて混ぜる。保存は、3～4か月前後。

ハトムギ化粧水

丸くてかたいハトムギは、イボ取り、肌荒れに昔から使われてきた漢方薬です。熱を下げて膿を出すとされ、リューマチ、神経痛の痛みを取るのにも処方されます。お茶として飲むばかりか、煎じた液を塗ることで1～2週間でイボが消えるとの報告もあります。ハトムギ茶を飲みながらハトムギ化粧水もつけ、おおいに利用したいものです。

消毒用エタノールに比べ、ホワイトリカーや焼酎のほうが、お肌への刺激がやわらかくなります。肌に炎症のある人や超敏感肌の人、子どもやお年寄りも、より安心して使えると思います。

◆材料
◎ハトムギ茶（煮出し汁）でつくる場合
精製水……100㎖
ホワイトリカー（または焼酎など）
……15㎖（大さじ1）
グリセリン……10㎖（小さじ2）
ハトムギ……大さじ1
◎抽出したエキスでつくる場合
精製水……100㎖
消毒用エタノール
……15㎖（大さじ1）
グリセリン……10㎖（小さじ2）
ハトムギ……大さじ1

●つくり方
◎ハトムギ茶（煮出し汁）でつくる場合
❶ハトムギは鍋またはフライパンで炒る。精製水にハトムギを入れて沸騰させ、弱火にして10分間煮出す。
❷①を冷まして茶漉しで漉し、ホワイトリカー、グリセリンを加えて混ぜる。保存は、2か月前後。
◎抽出したエキスでつくる場合
❶ハトムギは鍋またはフライパンで炒る。消毒用エタノールに炒ったハトムギを入れ、1週間置いてエキスを抽出する。
❷精製水に①のエキスを茶漉しで漉して入れ、グリセリンを加えて混ぜる。保存は、3～4か月前後。

麦化粧水

たっぷり炒った麦でつくる、深い濃い茶色の化粧水。これこそ市販されていない世界に一つのあなたの化粧水です。この濃茶色の液体を見つめていると、寒風の中で育つ青い麦穂や夏の季節に黄金色に輝く麦畑が浮かんできます。

◆材料
精製水……100㎖
消毒用エタノール
……15㎖（大さじ1）
グリセリン
……10㎖（小さじ2）
麦……大さじ1

●つくり方
❶麦は鍋またはフライパンで炒る。消毒用エタノールに炒った麦を入れ、一晩置いてエキスを抽出する。
❷精製水に①の麦エキスを茶漉しで漉して入れ、グリセリンを加えて混ぜる。保存は、3〜4か月前後。

大豆化粧水

化粧品メーカーの宣伝文句に、「内外美容」があります。化粧品の売り上げが落ちているので、サプリメントの販売？ と疑ってしまいます。化粧品メーカーは化学工業ですから、化学薬品であるサプリメントの製造はお手のもの。「内と外から美しく」と盛大なキャンペーンが展開されています。

さあ、私たちも負けずに頑張りましょう。炒った大豆をポリポリ食べながら、化粧水をつくりました。これが本当の「内外美容」、内と外から健康になりましょう。

●つくり方
❶大豆は鍋またはフライパンで炒る。消毒用エタノールに炒った大豆を入れ、1週間置いてエキスを抽出する。
❷精製水に①の大豆エキスを茶漉しで漉して入れ、グリセリンを加えて混ぜる。保存は、3〜4か月前後。

◆材料
精製水……100㎖
消毒用エタノール……15㎖（大さじ1）
グリセリン……10㎖（小さじ2）
大豆……大さじ1

玄米化粧水（左）、ハトムギ化粧水（奥）、麦化粧水（手前）、大豆化粧水（右）

黒豆化粧水

黒豆の深黒色は魅力的で、エネルギーに満ちています。抽出したエキスの色は煮出し汁よりやや薄めですが、エネルギーは同様にたっぷり。パワフルで粋な化粧水です。

消毒用エタノールに比べ、ホワイトリカーや焼酎のほうが、お肌への刺激がよりやわらかくなります。

◆材料

◎煮出し汁でつくる場合

精製水……100㎖
ホワイトリカーや焼酎または消毒用エタノール……15㎖（大さじ1）
グリセリン……10㎖（小さじ2）
黒豆……10g（大さじ1）

◎抽出したエキスでつくる場合

精製水……100㎖
消毒用エタノール
……15㎖（大さじ1）
グリセリン……10㎖（小さじ2）
黒豆……10g（大さじ1）

●つくり方

◎煮出し汁でつくる場合

❶黒豆は鍋またはフライパンで炒る。精製水に黒豆を入れて沸騰させ、弱火にして10分間煮出す。

❷①を冷まして茶漉しで漉し、ホワイトリカー、グリセリンを加えて混ぜる。保存は、2か月前後。

◎抽出したエキスでつくる場合

❶黒豆は鍋またはフライパンで炒る。消毒用エタノールに炒った黒豆を入れ、1週間置いてエキスを抽出する。

❷精製水に①の黒豆エキスを茶漉しで漉して入れ、グリセリンを加えて混ぜる。保存は、3〜4か月前後。

ゴマ化粧水

ゴマは、やけど、しもやけ、ひび、あかぎれ、イボ、傷、皮膚の荒れ、痔にも効くという「紫雲膏」の基剤、主成分です。漢方薬として用いるのは黒ゴマですが、化粧水は黒白どちらでつくってもよいでしょう。すりゴマに水を入れて煮出す、あるいは、消毒用エタノールで抽出して使います。

抽出したエキスでつくった黒豆化粧水（左）、ゴマ化粧水（右）

◆材料

精製水……100㎖
消毒用エタノール
……15㎖（大さじ1）
グリセリン
……10㎖（小さじ2）
ゴマ
（白ゴマでも黒ゴマでも）
……10g（大さじ1）

●つくり方

❶ゴマは鍋またはフライパンで炒って、粗くする。消毒用エタノールにすったゴマを入れ、一晩置いてエキスを抽出する。

❷精製水に①のゴマエキスを茶漉しで漉して入れ、グリセリンを加えて混ぜる。保存は、3〜4か月前後。

体の内から外からきれいに

野菜と果物の化粧水

毎日のように食べている野菜や果物で、化粧水ができます。身近にある素材を使って、体の内から外からきれいになりましょう。

美しい色を愛でたい人はカブの葉やダイコンの葉、キュウリ、青シソ、赤シソを、香りを楽しみたい人はレモンやユズを、また肌にやさしい素材ならニンジン、カボチャがおすすめです。

カボチャの種やカブ、ダイコンの葉なども利用して

キュウリ化粧水　　カブの葉化粧水

◆材料（キュウリ化粧水）
精製水……100㎖
消毒用エタノール
……15㎖（大さじ1）
グリセリン
……10㎖（小さじ2）
キュウリ……5g

◆材料（カブの葉化粧水）
精製水……100㎖
消毒用エタノール
……15㎖（大さじ1）
グリセリン
……10㎖（小さじ2）
カブの葉……3g

カブの葉化粧水

ダイコンの葉でも、同様につくることができます。刻んで消毒用エタノールに漬けると、鮮やかな緑色に。

●つくり方

❶消毒用エタノールにカブの葉を入れ、一晩置いてエキスを抽出する。
❷精製水に①のエキスを茶漉しで漉して入れ、グリセリンを加えて混ぜる。保存は、3〜4か月前後。

キュウリ化粧水

透明感のある淡緑色の化粧水ができます。さっぱりとしたつけ心地です。

●つくり方

❶キュウリは細く刻む。消毒用エタノールに刻んだキュウリを入れ、一晩置いてエキスを抽出する。
❷精製水に①のエキスを茶漉しで漉して入れ、グリセリンを加えて混ぜる。保存は、3〜4か月前後。

ニンジン化粧水　　レモン化粧水

◆材料（ニンジン化粧水）
精製水……100㎖
消毒用エタノール
……15㎖（大さじ1）
グリセリン
……10㎖（小さじ2）
ニンジン……4g

◆材料（レモン化粧水）
精製水……100㎖
消毒用エタノール
……15㎖（大さじ1）
グリセリン
……10㎖（小さじ2）
レモン（スライスしたもの）
……1g

レモン化粧水

柑橘のフレッシュな香りが持ち味の、さわやかな化粧水。ユズ化粧水も同様に。

●つくり方

❶消毒用エタノールにスライスしたレモンを入れ、一晩置いてエキスを抽出する。

❷精製水に①のエキスを茶漉しで漉して入れ、グリセリンを加えて混ぜる。保存は、3～4か月前後。

ニンジン化粧水

緑黄色野菜の代表格、ニンジンでつくる化粧水は、お肌にやさしいのが魅力です。

●つくり方

❶せん切りにしたニンジンに消毒用エタノールを入れ、一晩置いてエキスを抽出する。

❷精製水に①のエキスを茶漉しで漉して入れ、グリセリンを加えて混ぜる。保存は、3～4か月前後。

カボチャの種の化粧水

カボチャの種は洗ってザルにのせ、日に当てて干します。カラカラになったら瓶などに入れて保存します。化粧水づくりに大活躍するほか、これを煮出した汁でうがいをすると、のどの痛みがやわらぎます。

あの大きなカボチャを栄養満点に育てる「種」、命の源である種から美のエネルギーをもらう化粧水です。

◆材料

◎抽出したエキスでつくる場合

精製水……100㎖
消毒用エタノール……15㎖（大さじ1）
グリセリン……10㎖（小さじ2）
カボチャの種（乾燥）……大さじ1

◎煮出し汁でつくる場合

精製水……100㎖
消毒用エタノール……15㎖（大さじ1）
グリセリン……10㎖（小さじ2）
カボチャの種（乾燥）……大さじ1

●つくり方

◎抽出したエキスでつくる場合

❶カボチャの種は鍋またはフライパンで炒る。消毒用エタノールにカボチャの種を入れ、1週間置いてエキスを抽出する。

❷精製水に①のカボチャの種のエキスを茶漉しで漉して入れ、グリセリンを加えて混ぜる。保存は、3～4か月前後。

◎煮出し汁でつくる場合

❶カボチャの種は鍋またはフライパンで炒る。精製水に炒った種を入れ、沸騰したら弱火にして10分煮出す。

❷①を冷まして茶漉しで漉し、消毒用エタノール、グリセリンを加えて混ぜる。保存は、3～4か月前後。

青シソ・赤シソ化粧水

シソは「肌を解き表を発し風感を散ず、痰を消し気を下し肺を利し、喘を鎮め血を和す。種子も同効」といわれ、青シソも赤シソも同様に昔からその薬効が知られてきました。病気の要因となる気をくだして、血を和す力が、認められてきました。ぜひこれを化粧水として、肌にも応用したいものです。青シソでも赤シソでも手に入るもので、無農薬のものを求めてつくってください。

◆材料

精製水……100㎖
消毒用エタノール
……15㎖（大さじ1）
グリセリン
……10㎖（小さじ2）
生のシソの葉……1ｇ
（乾燥なら0.5ｇ）

●つくり方

❶シソは洗って、布で水けをしっかりとる。刻んで消毒用エタノールを入れ、一晩置いてエキスを抽出する。

❷精製水に①のシソエキスを茶漉しで漉して入れ、グリセリンを加えて混ぜる。保存は、3～4か月前後。

青シソ化粧水　赤シソ化粧水　カボチャの種の化粧水

抽出中の赤シソのエキス

抽出中の青シソのエキス。赤シソと色はほとんど変わらない

抽出中のカボチャの種のエキス

日に当てて乾燥させたカボチャの種

自分でつくるから安心

漢方薬の化粧水

クコやウコンなど、その効能がよく知られている漢方薬やローズマリー、バジル、レモンバーム、タイム、セージ、アロエ、ローレルなどのハーブ類は、市販の化粧品にもよく使われています。しかし、使われているエキス類は、安全性に問題があるプロピレングリコールやブチレングリコールなどの化学物質で抽出されたものがほとんどです。さらに殺菌防腐剤、酸化防止剤、変質防止剤など多種

ビワ化粧水
（つくり方p47）

クコ化粧水
（つくり方p46）

類の化学物質が配合されています。

特殊な化粧品以外は、3年間の保存が義務づけられているので、自然のものを変質させないように、カビさせないようにするのは、容易ではないからです。ですから自分でつくれば本当に安心な化粧水をつくることができます。保存料を入れないので、できるだけ早くできれば1～2か月で使いきるくらいの量をつくります。

ドクダミ化粧水
（つくり方p49）

ウコン化粧水
（つくり方p46）

紅花化粧水
（つくり方p48）

クコ化粧水（左）とクコ

クコ化粧水

真っ赤な実には、ぎっしりと薬効成分が詰まっています。抽出したエキスの、ほんのり染まった肌に刺激のないやさしさを楽しんでください。滋養成分を十分に出したい場合は、煮出す方法がおすすめです。

◆材料
精製水……100㎖
消毒用エタノール……15㎖（大さじ1）
グリセリン……10㎖（小さじ2）
クコ（乾燥）……1g

消毒用エタノールに漬けてクコエキスを抽出する。1週間置くとよい

●つくり方
◎抽出したエキスでつくる場合
❶消毒用エタノールにクコを入れ、1週間置いてエキスを抽出する。
❷精製水に①のクコエキスを茶漉しで漉して入れ、グリセリンを加えて混ぜる。保存は、3〜4か月前後。
◎煮出し汁でつくる場合
❶精製水にクコを入れて沸騰させ、弱火にして10分間煮出す。
❷①を冷まして茶漉しで漉し、消毒用エタノール、グリセリンを加えて混ぜる。保存は、2か月前後。

ウコン化粧水

まるで根ショウガのようなウコンですが、薄くスライスして天日に干し、保存しておきます。それを煎じて漢方薬として飲んだり、野草茶に加えてお茶にして飲んだり、化粧水をつくったり。華やかな黄色のローションが、肌をやさしく包みます。

ウコン化粧水（左）とウコン

◆材料

精製水……100㎖
消毒用エタノール
……15㎖（大さじ１）
グリセリン……10㎖（小さじ２）
ウコン（スライスして乾燥したもの、または粉末）……0.5g

ウコンはスライスなら１週間、粉末なら一晩置いてエキスを抽出する

●つくり方

❶消毒用エタノールにウコンを入れる。１週間置いて（粉末のものなら一晩）、エキスを抽出する。

❷精製水に①のウコンエキスを茶漉しで漉して入れ、グリセリンを加えて混ぜる。保存は、３〜４か月前後。

ビワ化粧水

厳しい冬の寒さを耐え抜く頑丈な葉は、過不足のない栄養を蓄えています。できるだけ小さく切って、たっぷりの栄養を抽出したいものです。

◆材料

精製水……100㎖
消毒用エタノール
……15㎖（大さじ１）
グリセリン……10㎖（小さじ２）
ビワの葉（乾燥）……1g

ビワの葉を消毒用エタノールに漬けて抽出中のビワエキス

●つくり方

❶消毒用エタノールにビワの葉を入れ、一晩置いてエキスを抽出する。

❷精製水に①のビワの葉エキスを茶漉しで漉して入れ、グリセリンを加えて混ぜる。保存は、３〜４か月前後。

紅花化粧水（左）と紅花

紅花化粧水

昔から女性の唇を彩り、華やかな装いに貢献してきた紅花。主産地・山形の、紅花で財を成した紅花御殿のお宝を見せていただくと、女たちの化粧への執念が伝わってきます。消毒用エタノールで抽出した液は、しっとりした茶色。紅色への憧れを、少し肌にものせてみましょう。

◆材料

精製水……100㎖
消毒用エタノール
……15㎖（大さじ1）
グリセリン
……10㎖（小さじ2）
紅花（乾燥）
……1g

●つくり方

❶消毒用エタノールに紅花を入れ、一晩置いてエキスを抽出する。
❷精製水に①の紅花エキスを茶漉しで漉して入れ、グリセリンを加えて混ぜる。保存は、3～4か月前後。

落ち着いた、しっとりとした色合いが魅力

消毒用エタノールに入れて抽出中の紅花エキス

ドクダミ化粧水（左）とドクダミの生葉

ドクダミ化粧水

ドクダミは、十薬（ジュウヤク）ともいわれます。何にでも効くという意味です。毒を消す、毒を出す、身体に必要のないものを出す力が強いのです。

おいしいものがあふれる時代。便秘、肥満など、溜め込むことが多い身体を思いやり、出すことを考えたほうがよいと教えてくれるドクダミです。

◆材料
精製水……100㎖
消毒用エタノール……15㎖（大さじ1）
グリセリン……10㎖（小さじ2）
生のドクダミの葉……1g（乾燥なら0.5g）

●つくり方
❶ドクダミの葉は適当な大きさに刻む。消毒用エタノールにドクダミを入れ、一晩置いてエキスを抽出する。❷精製水に①のエキスを茶漉しで漉して入れ、グリセリンを加えて混ぜる。保存は、3～4か月前後。

消毒用エタノールに入れて抽出中のドクダミエキス

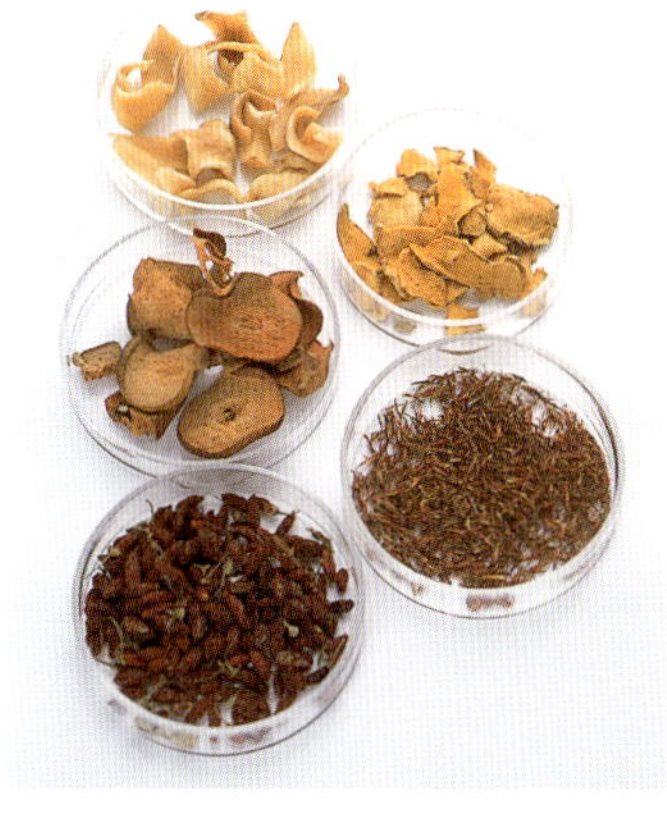
漢方薬は乾燥させたものが中心。クコ（手前）、紅花（手前右）、ウコン（奥右）のほか、カリン（中左）、ユリ根（奥）の化粧水もおすすめ

生でも乾燥でも入手しやすいもので

ハーブの化粧水

ハーブ類は、生でも乾燥でも入手できるほうを使ってください。最近はスーパーなどで野菜と一緒にハーブ類も販売されています。庭やベランダで自分で栽培している人もいるでしょうから、生のハーブが手に入れば、化粧水も生のハーブでつくってください。乾燥ハーブを購入する際は表示に注意して、できるだけ栽培に農薬が使われていないものを手に入れたいですね。

バジル化粧水
（つくり方p54）

ローズマリー化粧水
（つくり方p52）

カモミール化粧水
（つくり方p52）

セージ化粧水
（つくり方p55）

レモンバーム化粧水
（つくり方p53）

タイム化粧水
（つくり方p54）

左：ローズマリー化粧水
右：カモミール化粧水

ローズマリー化粧水

原産地は地中海、花言葉は「記憶」。どうりで、このさわやかな香気に青い空、青い海に輝く太陽を思い浮かべるわけです。

抽出中のローズマリーエキス

◆材料
精製水……100㎖
消毒用エタノール
……15㎖（大さじ1）
グリセリン
……10㎖（小さじ2）
ローズマリー（乾燥）
……1g（生なら2g）

●つくり方

❶消毒用エタノールにローズマリー（生なら刻む）を入れ、一晩置いてエキスを抽出する。

❷精製水に①のローズマリーエキスを茶漉しで漉して入れ、グリセリンを加えて混ぜる。保存は、3～4か月前後。

カモミール化粧水

風邪をひいたとき、おなかの具合が悪いときなど、カモミールを煎じたお茶がよく効きます。お風呂に入れても、部屋の芳香剤としても大活躍のハーブですが、やさしいつけ心地が化粧水としても最適なことを教えてくれます。

抽出中のカモミールエキス

◆材料
精製水……100㎖
消毒用エタノール
……15㎖（大さじ1）
グリセリン
……10㎖（小さじ2）
カモミール（乾燥）
……1g（生なら2g）

●つくり方
❶消毒用エタノールにカモミール（生なら刻む）を入れ、一晩置いてエキスを抽出する。
❷精製水に①のエキスを茶漉しで漉して入れ、グリセリンを加えて混ぜる。保存は、3～4か月前後。

レモンバーム化粧水

レモンバーム化粧水

冷やした水を、かぐわしい香りで高貴な水に変えてしまうハーブ。レモンバームは、雪の中からも若葉をのぞかせ、晩秋まで青々した葉を繁らせる強いハーブです。その強い緑色を少しいただいて、化粧水をつくります。

抽出中のレモンバームエキス

◆材料
精製水……100㎖
消毒用エタノール
……15㎖（大さじ1）
グリセリン
……10㎖（小さじ2）
生のレモンバームの葉
……1g（乾燥なら0.5g）

ハーブは購入してもよし、庭先やベランダで栽培して使用するのもまた楽しい。乾燥させたらガラス瓶に入れて冷暗所で保管を

●つくり方
❶消毒用エタノールにレモンバーム（生なら刻む）を入れ、一晩置いてエキスを抽出する。
❷精製水に①のエキスを茶漉しで漉して入れ、グリセリンを加えて混ぜる。保存は、3～4か月前後。

バジル化粧水

抽出中のバジルエキス

◆材料
精製水……100㎖
消毒用エタノール
……15㎖（大さじ1）
グリセリン
……10㎖（小さじ2）
バジル（乾燥）
……1g（生なら2g）

バジル化粧水

バジリコスパゲティといえば、生唾を飲み込む人もいることでしょう。甘い香りがクセになります。インドからアレキサンダー大王によってヨーロッパに運ばれたとされる歴史を思い浮かべ、香りを楽しんでください。

●つくり方
❶消毒用エタノールにバジル（生なら刻む）を入れ、一晩置いてエキスを抽出する。
❷精製水に①のバジルエキスを茶漉しで漉して入れ、グリセリンを加えて混ぜる。保存は、3～4か月前後。

タイム化粧水

古代ギリシャでは、肌を清め、神経を静めるとして風呂に入れて使われていました。お茶や料理に使うだけでなく、暑さ寒さにめげずに闘ってくれて

セージ化粧水　　　　タイム化粧水

抽出中のセージエキス

◆材料
精製水……100㎖
消毒用エタノール
……15㎖（大さじ1）
グリセリン
……10㎖（小さじ2）
セージ（乾燥）
……0.5g（生なら1g）

抽出中のタイムエキス

◆材料
精製水……100㎖
消毒用エタノール
……15㎖（大さじ1）
グリセリン
……10㎖（小さじ2）
タイム（乾燥）
……1g（生なら2g）

いる肌にも、こんなハーブをごほうびにあげましょう。

●つくり方
❶消毒用エタノールにタイム（生なら刻む）を入れ、一晩置いてエキスを抽出する。
❷精製水に①のタイムエキスを茶漉しで漉して入れ、グリセリンを加えて混ぜる。保存は、3～4か月前後。

セージ化粧水

古くから鎮痛、鎮静作用があるハーブとして親しまれてきました。気持ちが落ち着く、そんなやわらかな効果が。

●つくり方
❶消毒用エタノールにセージ（生なら刻む）を入れ、一晩置いてエキスを抽出する。
❷精製水に①のセージエキスを茶漉しで漉して入れ、グリセリンを加えて混ぜる。保存は、3～4か月前後。

カフェインには引き締め効果あり

お茶の化粧水

●市販美容液にもカフェイン配合

「えっ、コーヒーと化粧品!?」「ウソー」と考える人は、化粧品を知らない人です。資生堂で小顔をつくるとして販売されている美容液「ロスタロッタ」や香りでやせるとして販売されているボディー用美容液「イニシオ　ボディークリエイター」にはカフェインが配合されています。

　カフェインは覚醒、強心、利尿効果があることがよく知られていますが、皮膚の細胞を活性化させ、引き締める効果もあるのです。カフェインなら、コーヒーよりも緑茶のほうが多く含まれています。というわけで、毎日飲んでいるお茶

緑茶

紅茶

コーヒー

で化粧水をつくってみましょう。

●柿の葉、杜仲茶、甘茶はおだやかに効く

カフェインの刺激が強すぎる人は、柿の葉茶、杜仲茶、甘茶がおすすめです。とりわけ、肌が炎症を起こしている人は、化粧水をつくる前に、柿の葉茶の濃いめの煮出し液を使っての湿布をおすすめします（p80～炎症肌用の皮膚再生液を参照）。皮膚の回復を早めてくれます。ただし、他の化粧品は一切使わないことが大切です。

そうして肌が健康になってきたら、柿の葉化粧水や杜仲茶化粧水、甘茶化粧水を薄めにつくって使ってみてください。これらの化粧水は、普通肌の人にももちろんおすすめです。

ジャスミンティー

柿の葉茶

杜仲茶

甘茶

杜仲茶化粧水

カフェインはゼロ、ベータカロチンやカテキン、カルシウム、食物繊維を豊富に含むという杜仲茶。化粧水をつくり、飲むだけでなく肌にもつけて楽しみます。

◆材料
精製水……100㎖
消毒用エタノール
……15㎖（大さじ1）
グリセリン
……10㎖（小さじ2）
杜仲茶……0.5g

●つくり方
❶杜仲茶の葉に精製水を沸かした熱湯を注いで1～2分置き、杜仲茶をつくる。
❷杜仲茶を漉したものに消毒用エタノール、グリセリンを加えて混ぜる。
保存は、1～2か月前後。

紅茶化粧水

清々しい香り、さわやかな渋み、思わず「おいしい」と叫んだ紅茶嫌いの私。それもそのはず、セイロン紅茶として有名なスリランカのヌマラエリヤ、山々の上から下までお茶の木が植えられていた産地から買ってきた紅茶を飲んだのです。もちろん、すぐに化粧水をつくりました。お好みの紅茶でお試しあれ。

◆材料
精製水……100㎖
消毒用エタノール
……15㎖（大さじ1）
グリセリン
……10㎖（小さじ2）
紅茶……1g

●つくり方
❶紅茶の葉に精製水を沸かした熱湯を注いで1～2分置き、紅茶をつくる。
❷紅茶を漉したものに、消毒用エタノール、グリセリンを加えて混ぜる。
保存は、1～2か月前後。

緑茶化粧水

お茶のカフェインが気になるという人も、化粧水なら心配ご無用。なにしろお茶は身近な素材。手軽に、いつでもつくれ、色もきれいです。

◆材料
精製水……100㎖
消毒用エタノール
……15㎖（大さじ1）
グリセリン
……10㎖（小さじ2）
緑茶……1g

●つくり方
❶緑茶の葉に精製水を沸かした熱湯を注いで1～2分置き、緑茶をつくる。
❷緑茶を漉したものに（茶漉しにガーゼや紙製のフィルターなどをのせて漉すとよい）、消毒用エタノール、グリセリンを加えて混ぜる。保存は、1～2か月前後。

柿の葉化粧水　　緑茶化粧水　　紅茶化粧水　　杜仲茶化粧水

柿の葉化粧水

ビタミンCを大量に含む柿の葉。蒸して干す手間が必要ですが（柿の葉の乾燥方法はp80）、本気で取り組む価値はあります。お茶にして飲んで、化粧水をつくってお肌に塗って、内外美容を手に入れましょう。

◆材料

精製水……100㎖

消毒用エタノール

……15㎖（大さじ1）

グリセリン

……10㎖（小さじ2）

柿の葉（乾燥）

……1g

つくり方

❶柿の葉に精製水を沸かした熱湯を注いで1〜2分置き、柿の葉茶をつくる。

❷柿の葉茶を漉したものに、消毒用エタノール、グリセリンを加えて混ぜる。保存は、1〜2か月前後。

色を楽しむならハイビスカスティーでつくるハイビスカスの花の化粧水（つくり方p20）もお試しあれ。プレゼントにも喜ばれる

コーヒー化粧水

有名メーカーの「やせる」「小顔」をキャッチコピーにした化粧品の主成分は、カフェインです。肌を引き締める効果は期待できます。

◆材料
精製水……100㎖
消毒用エタノール
……15㎖（大さじ1）
グリセリン
……10㎖（小さじ2）
コーヒー豆（粉末）
……1g

●つくり方
❶コーヒー豆（粉末）に精製水を沸かした熱湯を注いで、コーヒーをつくる。
❷コーヒーを漉したものに消毒用エタノール、グリセリンを加えて混ぜる。保存は、1～2か月前後。

甘茶化粧水

アジサイに似た花を咲かせる甘茶は、抗マラリア薬に配合する漢方薬。葉を乾燥させて煎じたお茶は甘味が強く、お釈迦様の花祭りに参拝者に飲ませたりすることでも有名です。醤油や菓子の甘味料としても使われてきました。煎じたお茶でつくる化粧水です。

◆材料
精製水……100㎖
消毒用エタノール
……15㎖（大さじ1）
グリセリン
……10㎖（小さじ2）
甘茶の葉……1g

●つくり方
❶甘茶の葉に精製水を沸かした熱湯を注いで1～2分置き、甘茶をつくる。
❷甘茶を漉したものに、消毒用エタノール、グリセリンを加えて混ぜる。保存は、1～2か月前後。

香り豊かなジャスミン化粧水。ジャスミンティーで手軽につくれる（つくり方p28）

3

「自分で実感」が近道

肌診断法と肌タイプ別化粧品

あなたの肌は何タイプですか？

肌のタイプは、人や器械に頼らずに、自分で実感してみる方法が大切です。だれにでもできて、最も確実な方法をご紹介しましょう。それは、次のせっけん洗顔法です。洗顔後の状態で肌のタイプを知り（p63）、ケアをします（p65～）。

だれにでもできる肌診断

1 顔を固形せっけんで洗います。よく泡を立て、やさしく洗います。

2 ぬるま湯でよくすすぎます。このすすぎが少ないと、トラブルのもとになります。7～8回を目安に、しっかりとすすぎます。

3 最後は、冷たい水で2～3回ほどすすぎます。

4 清潔なタオルで、水けをやさしく拭き取ります。

5 洗顔後、何もつけずに15分ほどそのままおきます。

肌タイプ別の症状

健康肌

健康な肌であれば、肌に突っ張る感じがなく、何もつけなくても違和感がありません。

乾燥肌

乾燥肌の人は、肌が突っ張り、何かを補わないといられない感じがします。顔のどこが突っ張っているのかを確かめます。

酸性化粧水などの手づくり化粧水(市販の化粧水には油分や保湿剤が多く配合されているので、本書の手づくり化粧水を使用すること)をコットンに含ませ、突っ張り感が強いところにやさしくつけます。それで突っ張り感がおさまるか、おさまらないかを確かめていきます。人によって、頬だけが突っ張る、額だけが突っ張るなどの状態がわかるはずです。

敏感肌

突っ張り感とヒリヒリ感が強い人は、敏感肌です。とりわけ、手づくり化粧水でもピリピリしてつけられないほどの症状であれば、治療が必要です。

脂性肌

ニキビ肌

ふだんから脂性肌の人は皮脂分泌が多く肌がべとつきやすく、ニキビ肌の人はニキビが多く出ます。脂性肌の人でもニキビ肌の人でも、頬や額など部分的に乾燥している肌の人がいます。どこが乾燥していて、どこが脂っぽいのか、コットンに含ませた化粧水をつけながら確かめましょう。

すぐに始めたい肌タイプ別ケア

肌に効く食べ物、肌を傷める食べ物

■食べ物と生活習慣

肌にとって一番大切なのは、実は化粧品ではなく食べ物と生活習慣です。とりわけ肌に効く食べ物は、精白していない穀物、野菜、果物、豆、ゴマ、イモ、海草、キノコ類など。また逆に肌を傷める食べ物は、砂糖、油脂、動物性の脂肪などです。またアルコール類やタバコ、カフェインが強いもの、夜更かしなども大敵です。できるところから、気をつけてみてください。

■ひどかった肌荒れ

私の場合は、膠原病という病気になって気づかされました。玄米と野菜、豆腐の食事や早寝早起きを続けたら、あれほどひどかった肌荒れがすっきりと治りました。それどころか、こうした食事は集中力を高め、スタミナをつけることも実感しています。もっと若いときにわかっていたら、今はもう少しましになっていたのになどと後悔しきりです。

次に化粧品でのケアを、肌タイプ別にご紹介します。

実践編・肌タイプ別のケア

健康肌

真冬でも化粧水だけでOK

健康肌の人は、化粧水をつけるだけで十分です。私の場合は、真冬でも化粧水しか使いません。真冬に、かかとや台所仕事の後の手のケアに、少し乳液などの油分を補う程度です。

敏感肌

まず、柿の葉茶の煮出し液で炎症を抑える

敏感肌の人は、本当は何もしない、せっけん洗顔もしないで肌が自然と健康になるのを待つのが一番です。顔はぬるま湯か冷たい水で洗い、その後に柿の葉茶の煮出し液（p80の炎症肌用の皮膚再生液）をつけるケアがおすすめです。

炎症がおさまってきたら、敏感肌用の化粧水を水で2倍程度に薄めたものから試してみてください。ゆっくり、1週間くらいの期間を区切りながら肌の様子をみてください。

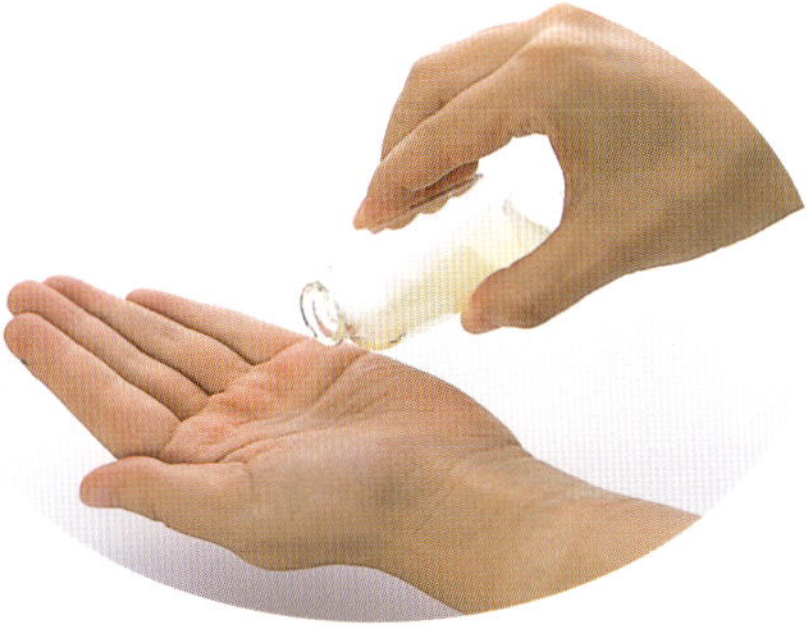

●●●●乾燥肌

——むやみに油分を補うのは、かえってマイナス

■「我慢できないところにだけ」が基本

乾燥肌の人は、むやみにオイルや乳液、クリームを補うことはやめましょう。ますます皮脂が出にくくなります。環境中の有害物や細菌、ウイルスなどから身体を守る皮膚の免疫力は皮脂なのです。大切な皮脂に頑張って働いてもらうためには、むやみに乳液やオイルを補うのは得策ではありません。

乾燥が我慢できないほどひどいところにだけ、乳液やオイルを少し補い、我慢できるところには補わないようにしましょう。化粧水だけで我慢できる皮膚にするのが目標です。化粧水を繰り返しつける、乾燥したところに化粧水を含ませたコットンをのせるなどでケアします。

■免疫力の源である皮脂の回復を

乾燥肌は、これまで多種類の化粧品を使いすぎてきて、あるいは油性の化粧品を使いすぎていたために、肌が本来もっている皮脂が出なくなっているために起こります。手づくり化粧水を使い続けていくと、約2週間から1か月で肌が回復してきて、化粧水だけで冬でも肌が突っ張らなくなります。そうした健康肌になるのには、少し時間がかかります。その間は、突っ張ったところにだけ、さらに化粧水を塗る、また、乳液やオイルを部分的に補うなどの方法で対処できます。

また、冬場に化粧水だけでは「どうしても乾燥する」という人もいます。とりわけ暖房器具の普及で、一日中強制的に肌の水分がはぎとられてしまう環境にいる人に多いようで

す。この場合も、夜に乾燥しがちな場所にだけ、乳液やオイルを補うとよいでしょう。

脂性肌、ニキビ肌

——食べ物や生活習慣、ストレスもチェックして

脂性肌の人やニキビが多く出ている人は、まず、食べ物や生活習慣をチェックする必要があります。また、若い女性の場合、ストレスでホルモンバランスがくずれて、ニキビがたくさん出ることもあります。

運動、旅行、趣味などで上手に気分転換をはかりながら、化粧水でケアをしてください。脂性肌、ニキビ肌用化粧水から気に入った化粧水を数種類つくり、楽しんで毎日を過ごしてください。

混合肌

——健康肌にもどすケアを入念に

乾燥肌で脂性肌、乾燥肌で敏感肌、普通肌でニキビ肌などの人、あるいは、季節によって状態がいろいろと変化する人も多いと思います。乾燥肌のところでご紹介した、健康肌にもどすためのケアを試してみてください。

子どもからお年寄りまで使える

基本の化粧水

色や香りのついた遊び心満点の化粧水に対して、こちらは無色透明でにおいもない、シンプルな基本の化粧水。酸性化粧水として知られる処方です。

洗顔後にせっけんのアルカリ分をやわらげる酸性で、子どもからお年寄りまで、年齢、性別を問わずに安心してつけることができます。さらに、顔から手足まで惜しげなく使えるのが魅力です。

自然素材のエキスを入れる手づくりコスメより保存性がいいのも利点です。家族みんなで使うのであれば、これがおすすめです。

◆材料

精製水……740㎖
クエン酸……10g
消毒用エタノール
……150㎖
グリセリン……100㎖
＊使用量にあわせて、半量や3分の1量などずつ、つくるとよい

●つくり方

❶クエン酸を精製水200㎖に溶かす。
❷①に消毒用エタノールとグリセリンを加える。
❸残りの精製水を加えて混ぜる。保存は冷暗所で、夏場は冷蔵庫に入れ、最大6か月。

ワンポイント・アドバイス

クエン酸、消毒用エタノール、グリセリンは、普通の薬局やドラッグストアなどで買うことができます。なお、似た名称で、無水エタノールがありますが、これは引火性が強いので、避けたほうがよいでしょう。

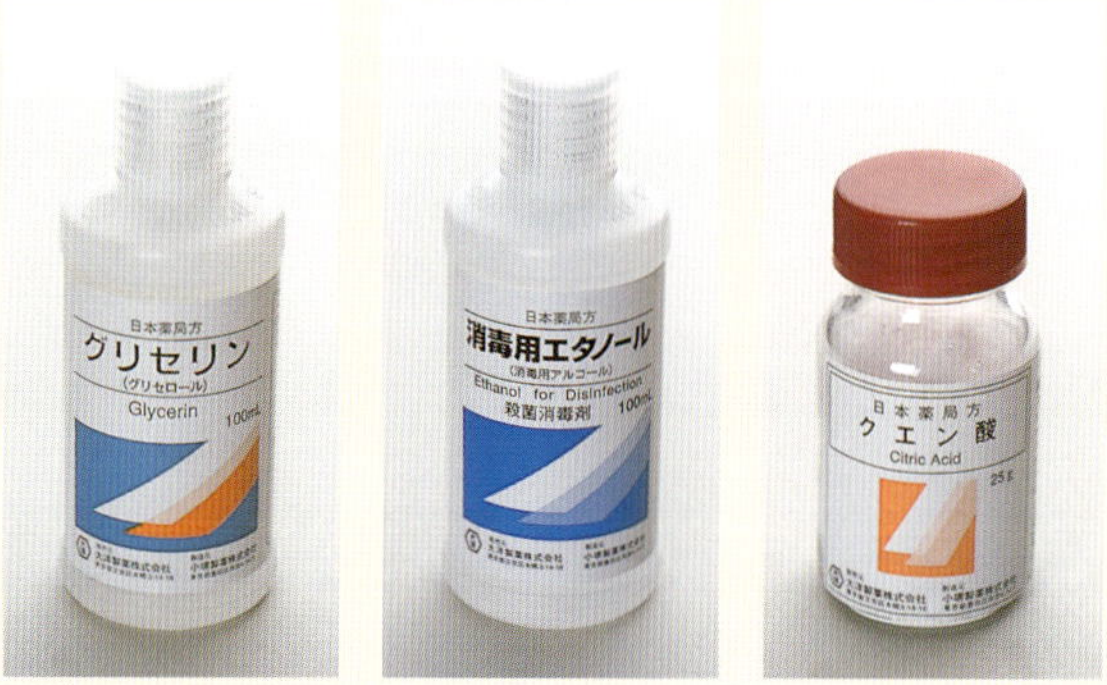

いずれも薬局やドラッグストアで入手を

基本の化粧水（酸性化粧水）

ピリピリ感を抑え肌にやさしい

敏感肌用の化粧水

敏感肌の人の場合、消毒用エタノールに対してピリピリ感を強く感じることがあります。それで、代わりにホワイトリカーや焼酎などのようなアルコールの度数が少ないものを入れてつくります。あるいは、アルコール類はまったく入れずに（材料からホワイトリカーなどアルコールだけを抜いて）、つくるのもよいでしょう。その場合は保存性がなくなるので、材料の半量程度つくるようにします。いつも食べているもの、飲んでいるものなど、自分にとって安全と思われる素材でつくってみましょう。

玄米化粧水

毎日、玄米ごはんをおいしく食べている私ですが、旅行などで食べられない日が続くと便秘になったり腸の具合がイマイチに。帰ってきて食べる玄米のおいしさよ！　体が求めていたことがわかります。ですから、最も安全、安心な化粧水といえば、これ。ぜひ試してみてください。

◆材料
精製水……100㎖
ホワイトリカー
（または焼酎など）
……15㎖（大さじ1）
グリセリン
……10㎖（小さじ2）
玄米……大さじ1

●つくり方
❶玄米は炒る。精製水に玄米を入れて沸騰させ、弱火にして10分間煮出す。
❷①を冷まして漉し、ホワイトリカー、グリセリンを加えて混ぜる。保存は、2か月前後。

玄米は滋養成分をしっかり抽出するために、フライパンなどで炒って使う

麦化粧水、柿の葉化粧水、緑茶化粧水のつくり方はp72

麦化粧水
（つくり方p72）

緑茶化粧水
（つくり方p72）

玄米化粧水
（つくり方p70）

柿の葉化粧水
（つくり方p72）

麦化粧水

訪れた中国・西安の6月は、一面の麦畑。雨が降らないので米がとれず、主食は麦なのです。だから、饅頭や麺類のおいしいこと！ そんなことを思い出しながら麦を炒ってつくりました。

◆材料
精製水……100㎖
ホワイトリカー（または焼酎など）……15㎖（大さじ1）
グリセリン……10㎖（小さじ2）
麦……大さじ1

●つくり方
❶麦は炒る。精製水に麦を入れて沸騰させ、弱火にして10分間煮出す。
❷①を冷まして漉し、ホワイトリカー、グリセリンを加えて混ぜる。保存は、2か月前後。

麦化粧水は透明感のある仕上がり

柿の葉化粧水

柿が好きな人には、とくにおすすめの化粧水。大昔から親しみ、食べ続けてきた柿の安全性を信頼し、肌にもいただきます。

◆材料
精製水……100㎖
ホワイトリカー（または焼酎など）……15㎖（大さじ1）
グリセリン……10㎖（小さじ2）
柿の葉（乾燥）……1g

●つくり方
❶柿の葉に精製水を沸かした熱湯を注いで1～2分置き、濃いめの柿茶をつくる。
❷柿茶を漉したものに、ホワイトリカー、グリセリンを加えて混ぜる。保存は、1～2か月前後。

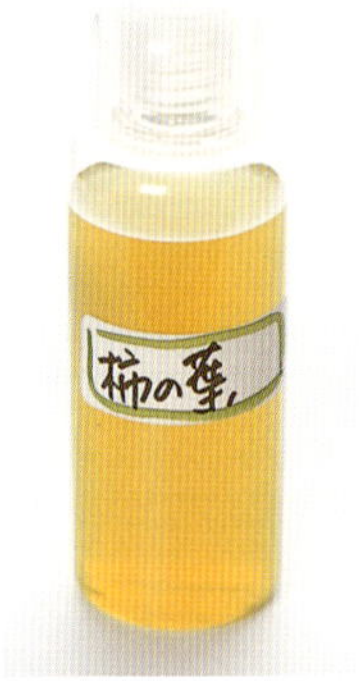

すぐれた薬効のある柿の葉のお茶で化粧水をつくる

緑茶化粧水

食べて安全、飲んで安全なものなら肌にも安全、安心です。淡い緑色の上等なお茶でつくりたいものです。

◆材料
精製水……100㎖
ホワイトリカー（または焼酎など）……15㎖（大さじ1）
グリセリン……10㎖（小さじ2）
緑茶……1g

●つくり方
❶緑茶の葉に精製水を沸かした熱湯を注いで1～2分置き、緑茶をつくる。
❷緑茶を漉したものにホワイトリカー、グリセリンを加えて混ぜる。保存は、1～2か月前後。

緑茶化粧水。細かいオリが出ることがあるが、使用に支障はない

保湿効果のある素材でしっとり

乾燥肌用の化粧水

乾燥肌の人は、消毒用エタノールをより刺激が少ないホワイトリカーや焼酎に替え、保湿効果のあるグリセリンを増やし、お肌を活性化させる働きがある素材のエキスで化粧水をつくってみましょう。

乾燥肌の人は免疫力が下がっていますから、パッチテストをお忘れなく。とりわけアレルギーを起こしやすい人は要注意です。

この手づくり化粧水をつけて、突っ張る感じが残るところにだけ、乳液やオイルなどの油分を補ってください。ゴマ、豆、カボチャの種など、しっかりと保湿効果がある素材がおすすめです。

ゴマ化粧水

多量の油を含むゴマ。種子の抽出物は血糖降下作用を示すことがわかっています。また、種子には滋養強壮、便通をよくするなどの薬効があります。肌にもエキスをもらいましょう。

◆材料

精製水……100㎖
ホワイトリカー
（または焼酎など）
……15㎖（大さじ1）
グリセリン
……15㎖（大さじ1）
ゴマ……大さじ1

●つくり方

❶ゴマは鍋またはフライパンで香ばしく炒ってから、する。精製水にすりゴマを入れて沸騰させ、弱火にして10分間煮出す。

❷①を冷まして漉し、ホワイトリカー、グリセリンを加えて混ぜる。保存は、2か月前後。

大豆化粧水はキリリと澄んだ風合い

黒ゴマを使用したゴマ化粧水。白ゴマでも黒ゴマでもお好みのもので

大豆化粧水

良質の油を含む大豆。味噌や醤油、豆腐など、和食の基本のすべてが、大豆にこめられています。食べて安心なものをこそ、肌にも使いたいものです。

●つくり方

❶大豆は鍋またはフライパンで炒る。精製水に大豆を入れて沸騰させ、弱火にして10分間煮出す。

❷①を冷まして漉し、ホワイトリカー、グリセリンを加えて混ぜる。保存は、2か月前後。

黒豆化粧水

おせち料理に必ず使われる黒豆。炒って熱湯でぐらぐらと煮立たせた黒豆茶は、昔から隠者に愛用されてきました。この汁を化粧水にします。

●つくり方

❶黒豆は鍋またはフライパンで炒る。精製水に黒豆を入れて沸騰させ、弱火にして10分間煮出す。

❷①を冷まして漉し、ホワイトリカー、グリセリンを加えて混ぜる。保存は、2か月前後。

レモン化粧水

切っただけで辺り一面をその芳香で満たすレモン。このレモンでアレルギーが起きる人がいるとは信じられない思いですが、合わない人もいるようです。パッチテストで確かめてから使ってください。

●つくり方

❶ホワイトリカーにスライスしたレモンを入れ、一晩置いて、エキスを抽出する。

❷精製水に①のレモンエキスを漉して入れ、グリセリンを加えて混ぜる。保存は、3～4か月前後。

カボチャの種の化粧水

世界中で愛され、主食になり、おかずになり、お菓子にもなる幅広さ。また洋食にも和食にも合う奥深さ。化粧水としても、多くの人に愛されることでしょう。

●つくり方

❶カボチャの種は鍋またはフライパンで炒る。精製水にカボチャの種を入れて沸騰させ、弱火にして10分間煮出す。

❷①を冷まして漉し、ホワイトリカー、グリセリンを加えて混ぜる。保存は、2か月前後。

◆材料（大豆化粧水）
精製水……100㎖
ホワイトリカー（または焼酎など）
……15㎖（大さじ1）
グリセリン……15㎖（大さじ1）
大豆……10g（大さじ1）

◆材料（黒豆化粧水）
精製水……100㎖
ホワイトリカー（または焼酎など）
……15㎖（大さじ1）
グリセリン……15㎖（大さじ1）
黒豆……10g（大さじ1）

◆材料（レモン化粧水）
精製水……100㎖
ホワイトリカー（または焼酎など）
……15㎖（大さじ1）
グリセリン……15㎖（大さじ1）
レモン（スライスしたもの）……1g

◆材料（カボチャの種の化粧水）
精製水……100㎖
ホワイトリカー（または焼酎など）
……15㎖（大さじ1）
グリセリン……15㎖（大さじ1）
カボチャの種……大さじ1

レモン化粧水
大豆化粧水
黒豆化粧水
ゴマ化粧水
（つくり方p73）
カボチャの種の化粧水

引き締め効果とさっぱり感

脂性肌用の化粧水

脂性肌の人は、化粧くずれを気にかけていることが多いようです。肌の引き締め効果やさっぱり感のある化粧水がおすすめです。エタノールの量を少し増やし、保湿効果のあるグリセリンを少し減らした処方を試してみてください。

ローレル（月桂樹）やシソ、スギナなど、肌をさっぱりさせる素材でつくってみましょう。

スギナ化粧水

すっきりした混ざりけのない緑色が魅力です。スギナの生命の色をもらって、リフレッシュしましょう。

●つくり方

❶消毒用エタノールに生のスギナの葉を入れ、一晩置いてエキスを抽出する。

❷精製水に①のスギナのエキスを漉して入れ、グリセリンを加えて混ぜる。保存は、3～4か月前後。

ローレル化粧水

スープやカレーづくりに欠かせないローレル。熟成したおだやかな大人の香りを肌にもらって、肌をととのえましょう。

●つくり方

❶消毒用エタノールにローレルを入れ、一晩置いてエキスを抽出する。

❷精製水に①のローレルエキスを漉して入れ、グリセリンを加えて混ぜる。保存は、3～4か月前後。

青シソ・赤シソ化粧水

シソは、夏バテを吹き飛ばす香辛料。冷たいソーメン、浅漬け、寿司……シソ一枚で食欲がグンと増します。皮脂もすっきりと吹き飛ばしてもらいましょう。青シソでも赤シソでも、どちらでも。

●つくり方

❶シソは洗って、布で水けをしっかりとる。刻んで消毒用エタノールを入れ、一晩置いてエキスを抽出する。

❷精製水に①のシソエキスを漉して入れ、グリセリンを加えて混ぜる。保存は、3～4か月前後。

◆材料（スギナ化粧水）
精製水……100㎖
消毒用エタノール
……20㎖（大さじ1強）
グリセリン……5㎖（小さじ1）
生のスギナの葉
……1g（乾燥なら0.5g）

◆材料（青シソ・赤シソ化粧水）
精製水……100㎖
消毒用エタノール
……20㎖（大さじ1強）
グリセリン……5㎖（小さじ1）
生のシソの葉
……1g（乾燥なら0.5g）

◆材料（ローレル化粧水）
精製水……100㎖
消毒用エタノール
……20㎖（大さじ1強）
グリセリン……5㎖（小さじ1）
生のローレルの葉
……1g（乾燥なら0.5g）

スギナ化粧水
ローレル化粧水
赤シソ化粧水
青シソ化粧水

ニキビ肌用の化粧水

刺激をなくし保湿剤は控えめに

ニキビができているだけなら、さっぱりした刺激が少ない化粧水を使うだけでいいのですが、赤く腫れるなど炎症が起きているときは柿の葉茶の煮出し液（p80の炎症肌用の皮膚再生液）を塗って様子をみましょう。炎症がおさまってから化粧水は使ってください。

消毒用エタノールをホワイトリカーや焼酎に替え、保湿効果のあるグリセリンも少なくした、さっぱりした化粧水です。ビワやハトムギは肌にやさしい素材です。真っ赤なハイビスカスは気持ちを前向きにしてくれます。

ハイビスカスの花の化粧水

お茶にして飲み、化粧水にして楽しむ。体の内からも外からも肌によい素材でつくってみましょう。

●つくり方

❶精製水にハイビスカスの花1gを入れて沸騰させ、ハイビスカスティーをつくる。

❷①を冷まして漉し、ホワイトリカー、グリセリンを加えてよく混ぜる。保存は、2か月前後。

ハトムギ化粧水

肌に効く漢方薬の代表といえば、ハトムギ。ブツブツ、かゆいかゆいの後のニキビ痕にも、よく効きます。煎じたハトムギ茶を飲みながら、この化粧水をつけたいものです。

●つくり方

❶ハトムギは鍋またはフライパンで炒る。精製水にハトムギを入れて沸騰させ、弱火にして10分間煮出す。

❷①を冷まして漉し、ホワイトリカー、グリセリンを加えて混ぜる。保存は、2か月前後。

ビワ化粧水

身体を浄化する力が強いビワ葉やビワ仁（種子）。葉のエタノールエキスには抗炎症作用があります。

●つくり方

❶ビワの葉は、清潔な布で表と裏をよく拭き、大きければ刻む。ホワイトリカーに入れ、1週間置いてエキスを抽出する。

❷精製水に①のエキスを漉して入れ、グリセリンを加えて混ぜる。保存は、約3か月前後。

サンショウ化粧水

ビワ化粧水と分量、つくり方とも同様に。

◆材料（ハイビスカスの花の化粧水）
精製水……100mℓ
ホワイトリカー（または焼酎など）
……15mℓ（大さじ1）
グリセリン……5mℓ（小さじ1）
ハイビスカスの花（乾燥）……1g

◆材料（ビワ化粧水）
精製水……100mℓ
ホワイトリカー（または焼酎など）
……15mℓ（大さじ1）
グリセリン……5mℓ（小さじ1）
生のビワの葉……1g（乾燥なら0.5g）

◆材料（ハトムギ化粧水）
精製水……100mℓ
ホワイトリカー（または焼酎など）
……15mℓ（大さじ1）
グリセリン……5mℓ（小さじ1）
ハトムギ……大さじ1

ハイビスカスの花の化粧水

ビワ化粧水

サンショウ化粧水

ハトムギ化粧水

トラブル対処用お役立ちコスメ

柿の葉を煮出してつくる

炎症肌用の皮膚再生液

皮膚が炎症を起こして赤く腫れてしまったときや、ニキビや吹き出物が出たときなどには、柿の葉を煮出してつくる皮膚再生液がおすすめです。

顔を洗い、液をつけます。炎症がある間は、ほかの化粧品はつけないこと。洗顔は水洗いにとどめ、せっけん洗顔もしないほうがよいでしょう。

◆材料

精製水……400㎖

柿の葉（乾燥）……10g

＊柿の葉は採取して使用（ワンポイント・アドバイス参照）、または柿の葉茶を購入するとよい

●つくり方

❶柿の葉に精製水を入れ、沸騰したらとろ火にし、15～30分煮詰める。

❷熱いうちに茶漉しで漉す。冷めたら冷蔵庫に入れておき、使用する（2日ほどで使いきるのがよい）。

●使い方

顔を洗い、この煮出し液をつけます。炎症がある間は、化粧品を使わず、せっけん洗顔もしないほうがよいでしょう。ひたすら「顔を洗って液をつける」を繰り返すのが、一番皮膚の再生を早めます。

ワンポイント・アドバイス

◎**柿の葉は乾燥させて保存を**

柿の葉は6～9月に採取し、乾燥させて保存しておくとたいへん重宝します。お茶に化粧水づくりにと楽しめます。

方法は、まず柿の葉を湯気の立った蒸し器に入れて強火で2～3分蒸します。次に、重ならないように広げて陰干しをします。カラカラに乾燥させた葉は、刻んで缶に入れて保存します。

柿の葉が手に入らないときには、市販の柿の葉茶を購入して使用してください。

強い荒れやひび割れに

保湿用尿素入り化粧水

■かかとのひび割れ、ひざ、ひじの荒れに

冬になると、「肌のひびや荒れに」と量販店の店頭で山のように積まれて販売されるハンドクリーム類。これらの商品に必ず配合されているのが、尿素です。ご紹介する手づくりの尿素入り化粧水は、かかとのひび割れやひざやひじの荒れなどにとてもよく効きます。安価で手軽につくれるのも魅力です。

尿素入りの化粧品は、自分で簡単につくれるとしてブームになったこともありましたが、手軽な反面、使用には注意も必要です。

■目の周りには使用しない

尿素は、確かにひどく荒れた肌に有効です。ただし傷や炎症が起きている肌には使えません。また目の周りにも使ってはいけません。かかとやひざ、ひじにとおすすめしたのは、そのためです。子どもにも使わせないほうがよいでしょう。

また使用して、皮膚のピリピリ感、痛み、赤み、腫れ、湿疹などがあったときには、すぐに使うのをやめ、医師の診察を受けましょう。

尿素入り化粧水は無色透明

材料の「日本薬局方尿素」は、薬局やドラッグストアで入手を

◆材料

精製水……100㎖

尿素……10g

＊「日本薬局方尿素」の名称で薬局などで販売されている

グリセリン……10㎖(小さじ2)

●つくり方

❶精製水に尿素を溶かす。

❷①にグリセリンを加えて混ぜる。

ひび、あかぎれに

ベルツ水（グリセリンカリ液）

一八七六年に、当時、東京帝国大学（現・東京大学）医学部の教授であったベルツ博士が考案した化粧水で、考案者の名前からベルツ水と呼ばれています。皮膚軟化剤として、主に手のひびやあかぎれに処方され、よく効きます。

配合されている水酸化カリウムは皮膚の角質をやわらかくし、グリセリンは皮膚軟化、および乾燥防止作用があります。自分で配合もできますが、ベルツ水と同様のものが薬局で「グリセリンカリ液」の名で販売されています。こちらが手軽でおすすめです。

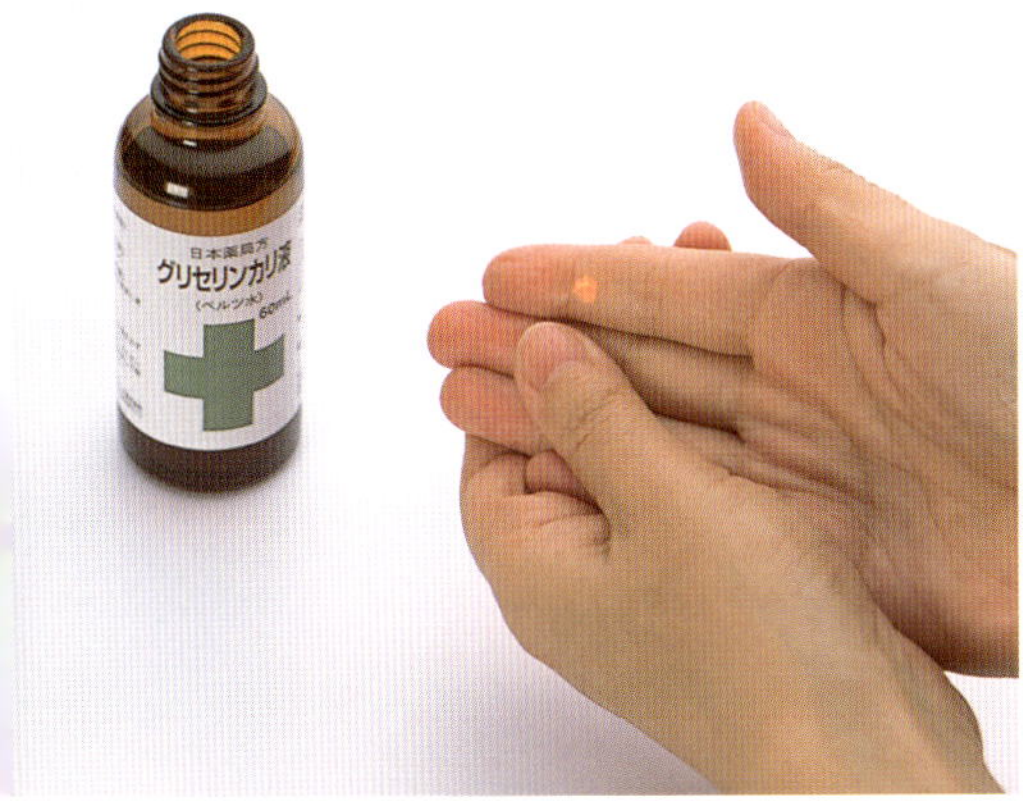

ベルツ水の名で親しまれているグリセリンカリ液。ひびやあかぎれによく効く

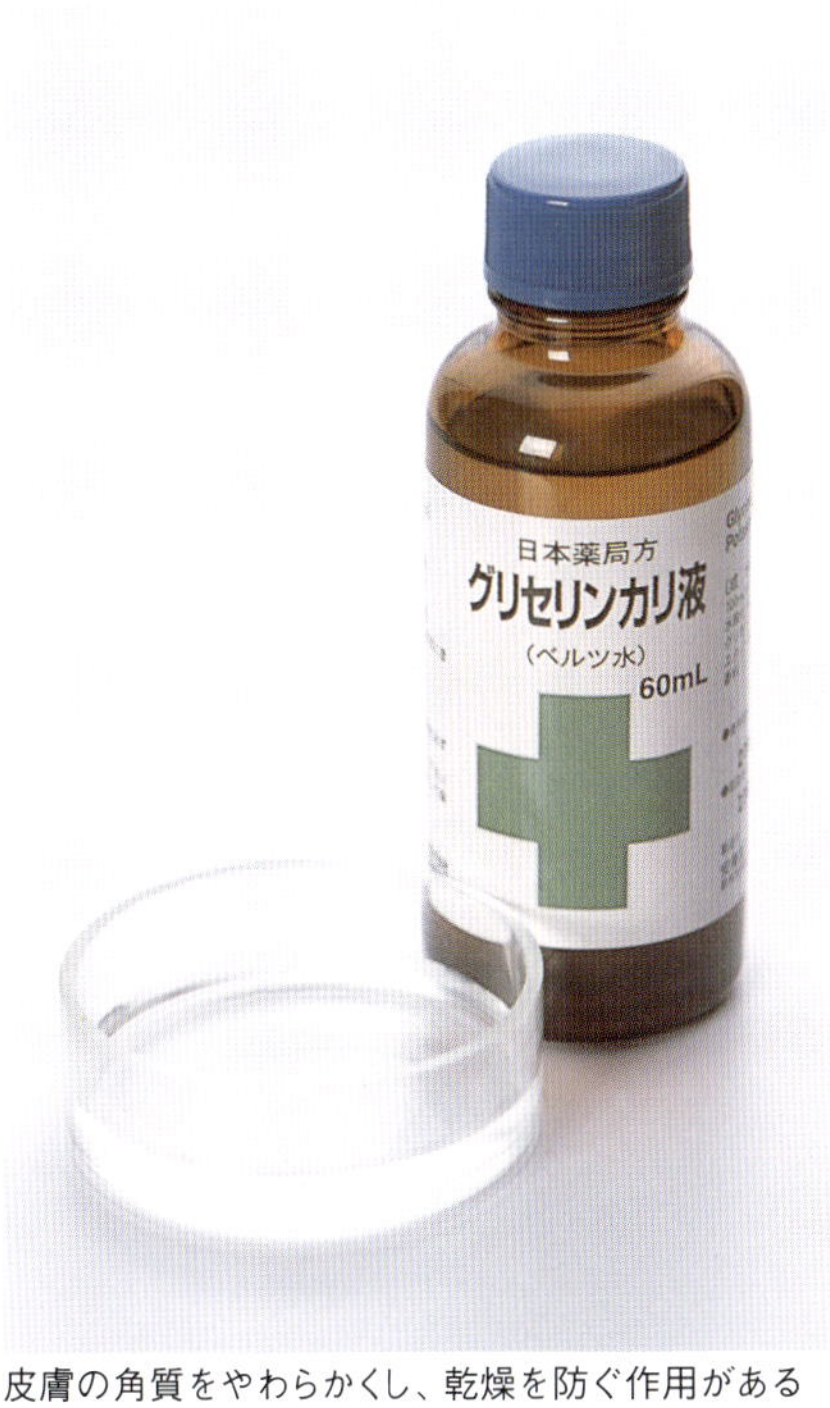

皮膚の角質をやわらかくし、乾燥を防ぐ作用がある

べとつかず、抜群のつけ心地

ワセリン（日本薬局方白色ワセリン）

■白い軟膏状で、刺激なく無臭

ワセリンは、石油の成分から分離した炭化水素類の混合物を脱色して精製したもの。軟膏状で、においはなく白色。熱を加えると透明な液になります。医薬品の軟膏の基剤として使われています。刺激性がほとんどなく、植物性・動物性油脂のように光や湿気によって酸敗（腐敗）することが少ない安定した製品です。

■つけ心地のよいハンドクリーム

のびがよく、べとつきのない、さっぱりとしたつけ心地。一般のハンドクリームと同様に使用できます。また皮膚への浸透性が少ないことから、敏感肌やアトピー肌の人の保湿剤として有用です。手足のひびやあかぎれ、傷などにも保護剤として使います。「日本薬局方白色ワセリン」の名称で薬局で入手できます。

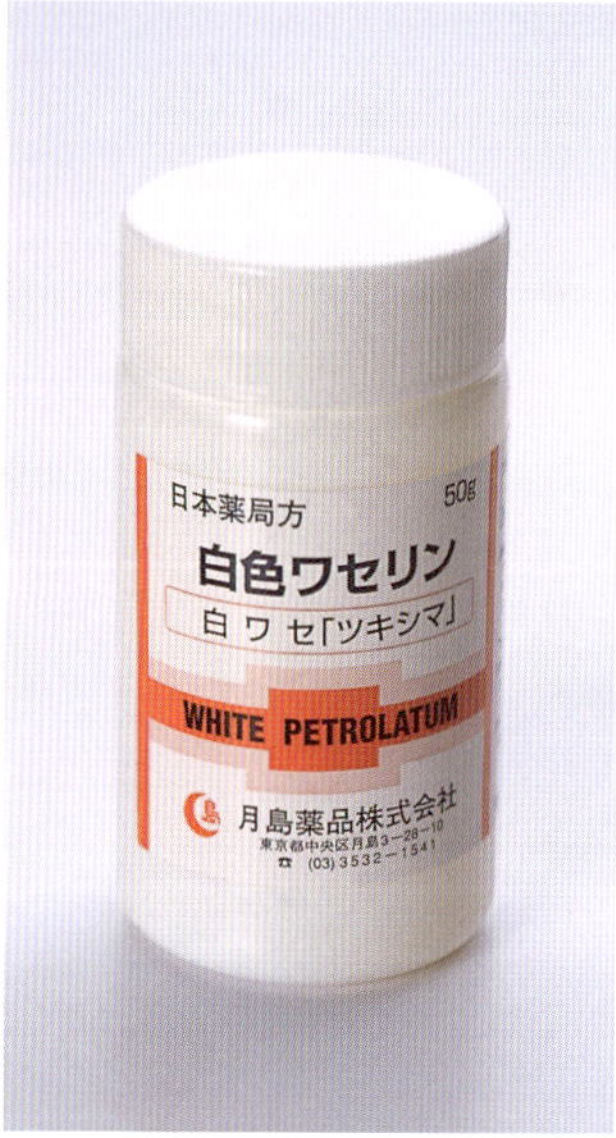

ワセリンは刺激性がなく無臭。医薬品の軟膏の基剤としても知られる

べとつかず、のびがよい。水仕事の合間につけるのにも最適

育ててつくる

ヘチマ化粧水と保存用ヘチマ化粧水

ヘチマ水を採り、煮沸して化粧水に

ヘチマ化粧水

ヘチマ水は「のどに効く」とされ、咳止めとして昔から使われてきました。正岡子規の有名な俳句「痰一斗ヘチマの水も間に合はず」にもうたわれています。また、ヘチマ水は肌がすべすべになるといわれ、昔から化粧水としても使われてきました。

ヘチマ水を採取したら、煮沸して冷やし、化粧水として使います。保存性を高めたい場合は、消毒用エタノールや焼酎などを加えます（p88の保存用ヘチマ化粧水）。すぐに使う分と保存する分とに、分けてつくっておくとよいでしょう。

ヘチマは生長が旺盛な8月中旬〜9月中旬に茎を切り、根から吸い上げる液を瓶などに入れて採ります。昔から、8月の十五夜に採取するとよいといわれています。

ヘチマの実を収穫したいときは、実を収穫した後にヘチマ水を採ることになりますが、遅くなるとツルが弱って採取しづらくなりますので注意が必要です。

●ヘチマ水の採り方

❶一升瓶やワインの空き瓶を用意し、よく洗う。多いときには一晩で5升ものヘチマ水が採れることもあるが、普通は一升瓶で十分な採取量である。

ヘチマの茎を地上60〜70cmのところでカッターを使って斜めに切る。

❷切り口から10〜15cm上のところにカット綿を巻く。

❸瓶に差し込み、巻いたカット綿で瓶の口をふさぐ。足りないようなら足して、詰める。

❹さらにアルミホイルを瓶の口付近に巻き、虫や雨などが入らないように覆っておく。乾燥が強いときは、根元に水かけをしてやると、液がたくさん採れる。

❺直射日光や雨に直接当たらないように、ダンボールや新聞、ビニールなどで覆ってく。

❻さらに空き箱のフタなどをかぶせ、風に飛ばされないように石（重石）をのせておくとよい。一日に1回見回って、液を集める。液の出方が悪くなったら、また茎を切る。

●ヘチマ化粧水のつくり方

採ったヘチマ水は煮沸して冷やし、冷蔵庫に入れて使います。保存は、途中でさらに煮沸して、1か月。

ヘチマ水を採る

保存用ヘチマ化粧水

ヘチマ水は、長期保存ができません。そこで、保存のために消毒用エタノールや焼酎などを加えてヘチマ化粧水をつくります。

処方は、いろいろです。基本的に、消毒用エタノールや焼酎、ホワイトリカーが殺菌防腐剤としての役目を果たして腐りにくくします。保存性を高めて、人にも差し上げたいなら、消毒用エタノールを使った「処方1」の化粧水がおすすめです。消毒用エタノールの刺激で「皮膚がピリピリする」という人は、「処方2」の焼酎などを使ったものをつくってください。

人によってはクエン酸を加えたり(せっけん洗顔の後では酸性の化粧水はアルカリ分を中和して肌にやさしい)、アルカリ剤の炭酸塩を加えたりしている処方(オリや濁りを沈殿させて取ってくれるため)もあります。今回は、最もつくりやすい簡単な処方を紹介します。

◆「処方1」の材料

ヘチマ水……180㎖

消毒用エタノール……30㎖

グリセリン……20㎖

◆「処方2」の材料

ヘチマ水……180㎖

焼酎やホワイトリカーなど……30㎖

グリセリン……20㎖

●つくり方

❶採取したヘチマ水は煮沸し、冷やす。ガーゼなどでろ過して漉す。

❷消毒用エタノール(または焼酎など)を入れ、グリセリンを加えて、よく混ぜる。

❸しばらく置くと、濁りやオリのようなものが出てくるが、気になるようならガーゼなどで漉すとよい。保存は常温で2~3か月、冷蔵庫で5~6か月。

4

乾いた肌に少しだけ

潤いをプラスする乳液

まずはシンプルなものから

基本の乳液

■手づくりの乳液でお手入れを

健康な肌であれば、化粧水をつけるだけで十分で、乳液やオイルを補う必要がないと思います。しかし、夏の冷房や冬の暖房のように、肌は日々、強い乾燥状態にさらされています。職場環境やライフスタイルなどによって、多少の潤いが必要な人もいることと思います。また、海や山への行楽、あるいは旅行などで皮膚が大きなダメージを受けたときに、ここでご紹介する乳液でのお手入れを実行してみてください。

敏感肌の人は、最初は色や香りをつけないシンプルな処方のものをつくって試してください。この基本の乳液がおすすめです。大丈夫なようなら、次に好みのハーブなどの素材を入れて楽しんでください（p92～）。

こうした手づくりコスメは、長期の保存はできません。乳液はオイルを入れる分、化粧水より日持ちがしません。1～2か月で使いきるような量をつくるようにしてください。

■使いすぎは、かえってマイナス

毎日使うのではなく、たまに乾燥や突っ張り感が気になるときに使うといった使い方がおすすめです。使いすぎは、かえって肌の免疫力を弱め、肌の自然な皮脂をより出にくくしてしまいます。

●つくり方

❶精製水とグリセリンを混ぜる。
❷オリーブオイルを少しずつ足してよく混ぜる。すぐに分離してしまうので、使うときによく振って使う。

●使い方

肌が乾燥しているときは、せっけん洗顔で化粧などを洗い落とし、よくすすぎます。化粧水をつけ、その後乾燥しているところに集中的にこの乳液をつけます。余分な油分はティッシュペーパーを顔にのせ、静かに押さえて取り除きます。そのまま一晩休みます。翌朝、化粧水で拭き取り、洗顔します。

ワンポイント・アドバイス

◎日本薬局方オリブ油
日本薬局方オリブ油は、薬局やドラッグストアで購入することができます。純度が高く安価で、化粧品づくりに適しています。もしくは、バージンオリーブオイルを選んでください。

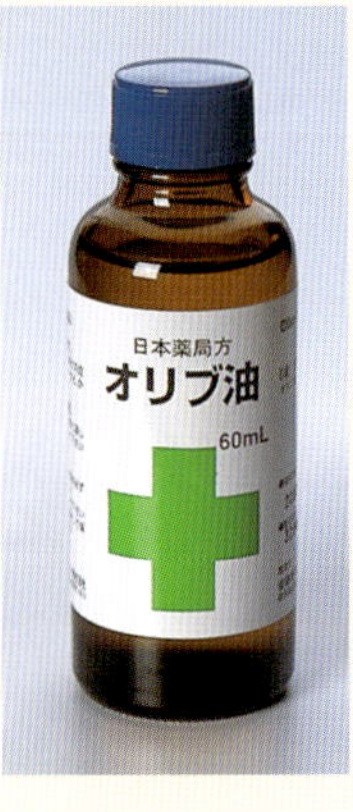

◆材料

精製水……15㎖（大さじ1）

オリーブオイル
（日本薬局方オリブ油）
……15㎖（大さじ1）

グリセリン……5㎖（小さじ1）

見て楽しむ、つけて楽しむ

色と香りの乳液

ハイビスカスの花の乳液
（つくり方p94）

レモンバーム乳液
（つくり方p94）

化粧品は、色がとても大切とつくづく思います。無色よりもピンクや緑色であれば、心がどんなにか楽しいでしょう。それに、花や葉は鮮やかな色の命をもっているのです。それを上手に活用しましょう。

花や葉から抽出したエキス分を加えるだけで、美しく楽しい乳液ができあがります。ただし、自然のものとはいえ自分に合う合わないがありますから、仲良くつきあっていける花や葉を選んでください。

また、自然の美しい命は長持ちしません。欲張らないで少量ずつつくりたいものです。基本の材料なら、たとえばレモンバームやバラのエキスは5㎖（小さじ1）を入れればよいのですが、この量だけ抽出させるのは、かえってむず

サフラン乳液
（つくり方p95）

バラ乳液
（つくり方p95）

色のコントラストが美しいバラ乳液（左）とハイビスカスの花の乳液（右）。手づくり乳液は分離しやすいので、よく振ってから使う

かしいと思われるでしょう。15㎖（大さじ1）ほど一度に抽出させて、残りのエキスで化粧水をつくるなど、工夫してください。

つくったものは、ボディーやかかとにも使ってみてください。乳液のしっとり効果は、かかとやひざといったザラザラ肌でこそ実感できるかもしれません。

レモンバーム乳液

冬の寒さにもめげずに、ほぼ一年中収穫できる強さをもっています。その豊かな香りは、記憶力を高めるといわれています。

◆材料

精製水……15㎖(大さじ1)
オリーブオイル(日本薬局方オリブ油)……15㎖(大さじ1)
グリセリン……5㎖(小さじ1)
レモンバームのエキス……5㎖(小さじ1)
　消毒用エタノール……15㎖(大さじ1)
　生のレモンバームの葉……1g
＊エキスは少し多めにつくって、残りは化粧水などに利用するとよい

●つくり方

❶消毒用エタノールにレモンバームの葉を刻んで入れ、一晩置いてエキスを抽出する。
❷精製水とグリセリン、①のレモンバームのエキスを混ぜる。
❸②にオリーブオイルを少しずつ足してよく混ぜる。すぐに分離してしまうので、使うときによく振って使う。保存は冷暗所で1~2か月。

●使い方

使いすぎるとかえって肌の自然な皮脂が出にくくなってしまいます。突っ張り感があるなど、肌の乾燥が気になるときに、乾燥しているところに集中的につけます。余分な油分はティッシュペーパーを顔にのせ、静かに押さえて取り除きます。そのまま一晩休み、翌朝、化粧水で拭き取り洗顔します。

健康な肌にもどれば、手づくり化粧水をつけるだけで十分です。

ハイビスカスの花の乳液

年をとったせいと思いたくはないのですが、紅色に強くひかれます。赤い服、赤い靴、赤い乳液、いいですよね。赤い

◆材料

精製水……100㎖
オリーブオイル(日本薬局方オリブ油)……15㎖(大さじ1)
グリセリン……5㎖(小さじ1)
ハイビスカスの花(乾燥)……1g

●つくり方

❶精製水にハイビスカスの花を入れて沸騰させ、ハイビスカスティーをつくる。
❷①を冷まして漉し、大さじ1を取り分ける。残った分はお茶として楽しむか、化粧水づくりに利用する。
❸取り分けた中にグリセリンを加えてよく混ぜ、オリーブオイルを少しずつ足して、さらによく混ぜる。す

ぐに分離してしまうので、使うときによく振って使う。保存は冷暗所で1～2か月。

●使い方　レモンバーム乳液と同様。

バラ乳液

うっとりするような色と香り、華やかさ、意地の悪いトゲまでが女王の貫禄と思えてしまう。乳液の女王です。

◆材料
精製水……15㎖（大さじ1）
オリーブオイル
（日本薬局方オリブ油）
……15㎖（大さじ1）
グリセリン
……5㎖（小さじ1）
バラエキス
……5㎖（小さじ1）
　消毒用エタノール
　……15㎖（大さじ1）
　ほぐしたバラの花びら
　（生でも乾燥でも）
　……1個分

●つくり方
❶消毒用エタノールにバラの花びらを入れ、一晩置きエキスを抽出する。
❷精製水とグリセリン、①のバラのエキスを混ぜる。
❸②に、オリーブオイルを少しずつ足してよく混ぜる。すぐに分離してしまうので、使うときによく振って使う。保存は冷暗所で1～2か月。

●使い方
レモンバーム乳液と同様。

サフラン乳液

サフランが毎年、庭先の土手に群生して咲いてくれます。最高の贅沢と、夢見心地で乳液をつくります。

◆材料
精製水……100㎖
オリーブオイル
（日本薬局方オリブ油）
……15㎖（大さじ1）
グリセリン
……5㎖（小さじ1）
サフランの花柱
……1～2個

●つくり方
❶精製水にサフランの花柱を入れて沸騰させ、サフランティーをつくる。
❷①を冷まして漉し、大さじ1を取り分ける。残った分はお茶として楽しむか、化粧水づくりに利用する。
❸取り分けた中にグリセリンを加えてよく混ぜ、オリーブオイルを少しずつ足して、さらによく混ぜる。すぐに分離してしまうので、使うときによく振って使う。保存は冷暗所で1～2か月。

●使い方
レモンバーム乳液と同様。

そよ風のようにやさしい

ハーブの乳液

ミント乳液

ミントの清涼感あふれる香りと味が、わが家で毎朝つくる野菜ジュースを元気ジュースに変えてくれます。肌にも、元気がもらえますよ。

◆材料
精製水……15㎖（大さじ1）
オリーブオイル
（日本薬局方オリブ油）……15㎖（大さじ1）
グリセリン……5㎖（小さじ1）
ミントのエキス
……5㎖（小さじ1）
［消毒用エタノール……15㎖（大さじ1）
 生のミントの葉……1g
＊エキスは少し多めにつくって残りは化粧水などに利用するとよい

●つくり方
❶消毒用エタノールにミントの葉を刻んで入れ、一晩置いてエキスを抽出する。
❷精製水とグリセリン、①のミントのエキスを混ぜる。
❸②にオリーブオイルを少しずつ足してよく混ぜる。すぐに分離してしまうので、使うときによく振って使う。保存は冷暗所で1～2か月。

●使い方
使いすぎるとかえって肌の自然な皮脂が出にくくなってしまいます。突っ張り感があるなど、肌の乾燥が気になるときに、乾燥しているところに集中的につけます。余分な油分はティッシュペーパーを顔にのせ、静かに押さえて取り除きます。そのまま一晩休みます。翌朝、化粧水で拭き取り洗顔します。

健康な肌にもどれば、手づくり化粧水をつけるだけで十分です。

シソ乳液

赤シソ、青シソ、どちらも植えたことがありません。毎年勝手に畑や庭のあちこちに顔を出します。おかげで料理以外にも化粧水、ジュース、1年分のお茶、消臭剤にと活用させてもらっています。感謝。

◆材料
精製水……15mℓ（大さじ1）
オリーブオイル
（日本薬局方オリブ油）
……15mℓ（大さじ1）
グリセリン……5mℓ（小さじ1）
シソのエキス……5mℓ（小さじ1）
消毒用エタノール
……15mℓ（大さじ1）
生のシソの葉（赤シソ、青シソどちらでも）……1g
＊エキスは少し多めにつくって残りは化粧水などに利用するとよい

●つくり方
❶消毒用エタノールにシソの葉を刻んで入れ、一晩置いてエキスを抽出する。
❷精製水とグリセリン、①のシソのエキスを混ぜる。
❸②にオリーブオイルを少しずつ足してよく混ぜる。すぐに分離してしまうので、使うときによく振って使う。保存は冷暗所で1～2か月。

●使い方
ミント乳液と同様に。

乾いた肌にしっとりなじむ

漢方の乳液

大昔から暮らしの中で薬として大切にされてきた植物。そんな植物の命を、肌にも分けてもらう乳液です。

ヨモギ乳液

草餅が大好きで、自分でつくるとつい3つ、4つと食べすぎてしまうのが困るんです。もちろん、草団子、ヨモギ茶、ヨモギの天ぷら、ヨモギを入れたお風呂も大好きなので、乳液も大好きなのです。

◆材料

精製水……15mℓ（大さじ1）
オリーブオイル
（日本薬局方オリブ油）
……15mℓ（大さじ1）
グリセリン……5mℓ（小さじ1）
ヨモギのエキス
……5mℓ（小さじ1）
　消毒用エタノール
　……15mℓ（大さじ1）
　ヨモギ（乾燥）……1g
　または、ヨモギを焼酎に漬けておいたもの（つくり方はp100コラム②）

●つくり方

❶消毒用エタノールにヨモギを刻んで入れ、一晩置いてエキスを抽出する。または、ヨモギは焼酎に1か月漬け、冷暗所に置いておく（p100）。
❷精製水とグリセリン、①のヨモギエキスを小さじ1加えて混ぜる。
❸②にオリーブオイルを少しずつ足してよく混ぜる。すぐに分離してしまうので、使うときによく振って使う。保存は冷暗所で1～2か月。

ビワ乳液

ビワの葉は、お茶にして飲んでよし。焼酎に漬けたエキスは、熱や痛みがあるときの湿布薬に、風呂に半カップほど入れて入浴剤にと重宝します。一年中使える便利さに、いつも感謝しています。当然、乾燥したお肌にもビワ乳液です。

◆材料

精製水……15mℓ（大さじ1）
オリーブオイル
（日本薬局方オリブ油）
……15mℓ（大さじ1）
グリセリン……5mℓ（小さじ1）
ビワのエキス……5mℓ（小さじ1）
　消毒用エタノール
　……15mℓ（大さじ1）
　ビワの葉（乾燥）……1g
　または、ビワの葉を焼酎に漬けておいたもの（つくり方はp100コラム②）

●つくり方

❶消毒用エタノールにビワの葉を刻んで入れ、一晩置いてエキスを抽出する。または、ビワは焼酎に1か月漬け、冷暗所に置いておく（p100）。
❷精製水とグリセリン、①のビワエ

キスを小さじ1加えて混ぜる。
❸②にオリーブオイルを少しずつ足してよく混ぜる。すぐに分離してしまうので、使うときによく振って使う。保存は冷暗所で1〜2か月。

乳液は分離しやすいので、よく振って使う。振った状態のビワ乳液（左）、ヨモギ乳液（右）

コラム②

ビワの葉の焼酎漬けは湿布薬

ビワの葉は生のまま10～15枚を採取し、2㎝幅に刻んで、ホワイトリカーまたは焼酎1ℓに漬け込みます。日干しにしておいたものを刻んで漬けてもかまいません。2～3週間置いてから、葉を取り出します。

この漬け液（ビワの葉のエキス）を脱脂綿や清潔な布に浸し、打ち身やねんざ、浮腫の部位に当てて湿布します。カイロを当てたりして温めると、さらに効果があります。風呂に適量（半カップほど）をたらしてもよいでしょう。長期保存ができます。

わが家の棚には、薬草や漢方薬が入った保存瓶がずらりと並ぶ

取り出した葉は、消臭用エタノールに漬けた葉や花と同様に（p30コラム①参照）、消臭・脱臭・殺菌剤として利用します。

ヨモギやドクダミは消臭、虫除けに

ヨモギの葉と根は6～7月くらいに採り、葉は陰干し、根は日に干して乾燥させます。乾燥した葉や根30～40gをホワイトリカーまたは焼酎1ℓに漬け込みます（生の葉を漬けるなら70～80g）。2～3週間置いてから、葉を取り出します。長期保存ができます。

この漬け液（ヨモギのエキス）をスプレー容器に入れ、虫刺されや虫除けに使います。また、梅雨時の部屋にこもったにおい取り、ペットのいる家の消臭・脱臭にさっとひと吹きしてください。

＊

ドクダミの生の葉は、強い殺菌力があります。生の葉70～80gをホワイトリカーまたは焼酎1ℓに漬け込みます。2～3週間置いてから、葉を取り出します。長期保存ができます。

この漬け液（ドクダミのエキス）は、スプレー容器に入れておくと便利です。水虫やたむしなどの疾患に塗布したり、冷蔵庫や戸棚の殺菌剤としてスプレーしたり、布につけて拭いたりして用います。部屋の消臭・脱臭、また、虫除けスプレーとしても利用できます。

ビワやヨモギ、ドクダミなどの葉の焼酎漬け。長期保存ができ、打ち身、ねんざ、虫刺されにと重宝する

5

肌と髪をつややかに
オイルと塩のマッサージ&パック

肌や髪にそのまま使う

基礎的なオイル

コスメづくりで使うオイルは基礎的なオイル（キャリアオイル）とエッセンシャルオイルの2種類です。基礎的なオイルはオリーブオイルや椿油などで肌や髪にそのまま使いますが、エッセンシャルオイルは、基礎的なオイルで希釈して使います。

基礎的なオイルの主な種類と特徴をご紹介します（エッセンシャルオイルについてはp.116〜）。お好みのものを使ってください。

オリーブオイル
（日本薬局方オリブ油）

オリーブの果実を圧搾して得た油で、わずかなにおいと、味は緩和です。冬になると0〜6℃で一部または全部が凝固するので、加温して使う必要があります。軟膏などの塗り薬の基剤として使います。

オリーブの果実を陰干し搾油してつくるのですが、最良のバージンオイルは種皮と種子を取り除き弱く冷圧したものです。次に強く圧搾した油が食用・薬用の油として使われます。また残留物に冷水を加えてかき混ぜて圧搾すると二等品の油がとれ

オリーブオイル

日本薬局方オリブ油

椿油

ゴマ油

透明ゴマ油

エゴマ油

ます。さらに、落ちた果実を堆積して自己発酵させて強圧した発酵油は、食用として多量に生産されています。

日本薬局方のオリブ油は、綿実油、ナタネ油、ゴマ油、ラッカセイ油などの他の油が混ざっていないこと、また酸価、ケン化価、不ケン化物、ヨウ素価など、腐敗の程度や純度が厳しくチェックされています。日本薬局方オリブ油ではない、市販のオリーブオイルを使うとしたら、良質なバージンオイルを選んでください。

椿油

椿、サザンカなどの種子から得る脂肪油で、微黄色透明の油。においおよび味はほとんどありません。9～10月ごろにとった種子を1週間天日乾燥し、粗く砕き、さらに細かく砕き、熱を加えて蒸し、圧搾し、ろ過して精製します。高価なので食用より主に髪の油として用いられてきました。

伊豆諸島、九州、五島列島で生産され、わが国の特産品でもあります。薬として、軟膏や湿布薬の基剤としても利用されてきました。

ゴマ油

ゴマの種子から得る脂肪油。微黄色～褐色の透明の油で、特有のにおいがあり、味は緩和。化粧品には、色やにおいの少ないものを選ぶほうがよいでしょう。太白油、純白油などとして販売されている透明のゴマ油は、白く透明で、においもかすかです。

ゴマ油は、インド原産。温帯や熱帯地方で広く栽培されています。わが国では原料のほとんどをメキシコ、東南アジア、インド、アフリカなどから輸入しています。私はやはり国産ゴマにこだわりたいと思っています。

エゴマ油

シソ科のエゴマの種子を砕き、蒸

ココナツオイル

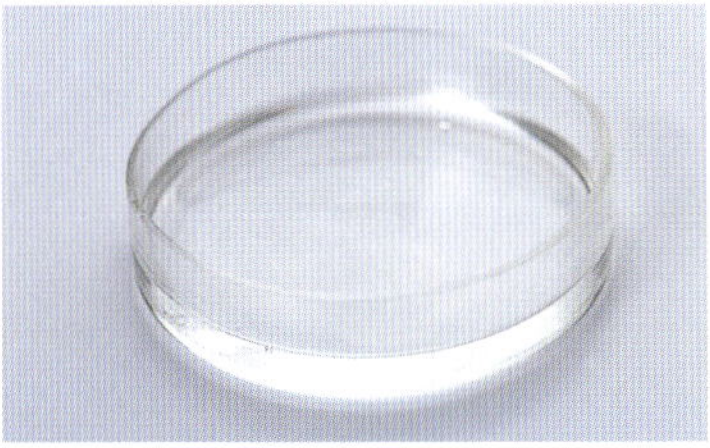

マカデミアナッツオイル

スイートアーモンドオイル

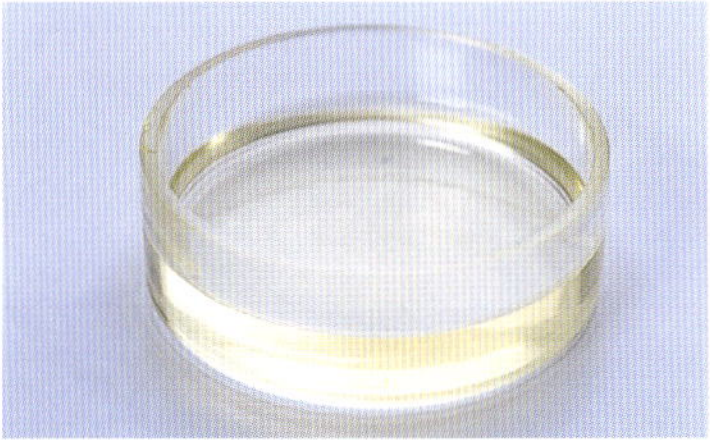

マッサージオイル

して温圧したものです。黄色～褐色で、特有の香気が強い油です。

効用は『エゴマ～つくり方・生かし方』（創森社刊）に詳しく、「リノール酸の取りすぎこそが動脈硬化や心臓病、脳卒中、アレルギー、多くのがんの主要な原因。この害を抑えてくれるのがα―リノレン酸で、エゴマ油には他の追随を許さないくらい多く含まれているのです（抜粋）」と書かれています。

日本各地にエゴマを育てる運動が広がっていて、国産エゴマが手に入りやすいことも、うれしいことです。

ココナッツオイル

ココナッツの種子を砕き、熱を加えて蒸し、圧搾し、ろ過して精製した油です。無色～褐色の油で、甘い香りがあります。

マカデミアナッツオイル

マカデミアナッツの種子を砕き、熱を加えて蒸し、圧搾し、ろ過して精製します。無色～褐色の油で、やわらかな甘い香りがあります。

スイートアーモンドオイル

アーモンドの種子を砕き、熱を加えて蒸し、圧搾し、ろ過して精製します。無色～褐色の油で、思わず食べたくなるような、アーモンドの甘い香りがします。

マッサージオイル

市販されているマッサージオイルは、これらの基礎的なオイルが数種類配合されています。オイルの組み合わせで粘性、のびやすさなどを調節し、マッサージ用につくったオイルです。好みのオイルがないときは、こうした市販品から始めてみるのもよいでしょう。

ワンポイント・アドバイス

基礎的オイルのうち、ゴマ油やエゴマ油などのにおいが気になる人は、次のようにして使用してみてください。

❶ゴマ油やエゴマ油はガラス容器に入れ、フタはせずに、水を張った鍋に倒れないように入れる。

❷火にかけて、沸騰したら弱火にして5分ほど煮る。火を止め、そのまま冷ます。

［ポイント］こうするとにおいがなくなり、揮発性の物質を取り除くことができるので、肌にやさしく、使いやすくなります。

ゴマ油やエゴマ油など香りの強い油は、弱火で5分ほど煮沸してから使うとよい

傷んだ髪がよみがえる

髪いきいき3つのプラン

髪のトラブルが急増

若い人でも、「髪の毛がパサパサ、ゴワゴワになった」と嘆いている人が多いようです。「洗髪したら髪の毛がごっそり抜けて、数えたら700本以上あって恐くなった」と相談されたこともあります。いまや枝毛や切れ毛といった髪のトラブルは、日常的なことになっています。

■再び生き返らせるために

髪の毛のこうした異変には、最近のおしゃれ事情が大きく関係しています。強い脱脂力があるシャンプーで毎日のように髪を洗う、頻繁にパーマをかけたり髪を染めたりすれば、髪を傷めてしまいます。

そうしたパーマ剤や染毛剤などの強い薬物の影響で生命力を失った髪の毛を、再び生き返らせるためには、どうしたらよいでしょうか。次の3つのプランを実行してみてください。おすすめのリンスやオイルも紹介します。

髪いきいき3つのプラン

1 洗髪はせっけんシャンプーにしましょう。

2 手づくりリンスやオイルマッサージ&パックで、髪をいたわりましょう。

3 パーマと染毛は、しばらく休みましょう。染めたいときは「ヘナ100%」の製品で、トリートメント効果も兼ねて取り組んでみましょう。パーマをかける代わりにムースやセッティングフォームなどを上手に使いましょう。

おしゃれ心も大切

手づくりヘアリンス

「せっけんシャンプーの後のリンスは、台所で使っている酢を薄めて使えばいいのよ」と言われたときの衝撃は、忘れられません。

考えてみれば、確かに「酢」でいいわけだし、実際に使ってみるとギシギシしていた髪がしっとりになり、効果のほどがわかります。しかし、しかし、しかしなのです。

娘たちから「（髪の毛に）お酢をつけるなんて、いや！」と嫌われてしまいました。髪の毛のおしゃ

右からレモンバームのリンス、ハイビスカスの花のリンス、基本のリンス（つくり方p108）

れを考えたら、やはり、イメージや香り、色も大切ですからね。

ここでは、だれからも喜んでもらえるリンスを紹介しましょう。無色でにおいのない基本のリンスと、色と香りのついたリンス2種です。

基本のリンス

酢ではなく、クエン酸を使ったリンスです。お気に入りのエッセンシャルオイルや香水を加えても。

◆材料
精製水……200㎖
クエン酸……5g（小さじ1）
グリセリン……15㎖（大さじ1）

基本のリンス。きしむ髪に

●つくり方
❶材料をすべて合わせる。
❷よく混ぜる。保存は1か月。

●使い方
ギシギシときしむ髪に使ってみてください。せっけんシャンプーをした後、せっけんをよく洗い流し、通常のリンスと同じように髪全体によくなじませます。さらに洗い流します。

ハイビスカスの花のリンス

華やかな赤い色のリンスです。椿油も入れて、傷んだ髪をしっとりとケアします。

◆材料
精製水……200㎖
クエン酸……5g（小さじ1）
椿油……小さじ半分
ハイビスカスエキス……15㎖（大さじ1）
　消毒用エタノール……15㎖（大さじ1）
　ハイビスカスの花（乾燥）……1g

椿油とハイビスカスエキスを入れたハイビスカスの花のリンス

●つくり方
❶消毒用エタノールにハイビスカスの花を入れ、一晩置いてエキスを抽出する。
❷①を茶漉しで漉し、ほかの材料を合わせ、よく混ぜる。保存は1か月。

●使い方　基本のリンスと同様。

レモンバームのリンス

淡い緑色のリンスです。髪に潤い感が欲しいときは、椿油をほんの少し加えてみてください。

◆材料
精製水……200㎖
クエン酸……5g（小さじ1）
グリセリン……15㎖（大さじ1）
レモンバームエキス……30㎖（大さじ2）
　消毒用エタノール……30㎖（大さじ2）
　生のレモンバームの葉
　……1g（乾燥なら0.5g）

レモンバームのリンスにはグリセリンとレモンバームエキスを加えて

●つくり方
❶消毒用エタノールにレモンバーム（生なら刻む）を入れ、一晩置いてエキスを抽出する。
❷①を茶漉しで漉し、ほかの材料を合わせ、よく混ぜる。保存は1～2か月。

●使い方　基本のリンスと同様。

しっとり潤う

肌と髪のオイルマッサージ

■血液の循環をよくしたい一心で

私のオイルマッサージ初体験は、ゴマ油でした。このときは、淡い黄色のゴマ油を使いました。膠原病になった両手を一刻も早く治したい、血液の循環をよくしたい一心で、主として手と足のマッサージを毎週続けました。

たっぷり、どっぷりとオイルを塗って、テレビを見ながらやさしくさすって、30分。そうしたら、ガサガサのかかとや手荒れ、ひざや足の乾燥まですっかりよくなってしまい、びっくり。ひどいかかとの荒れなどには、少し時間をかけて念入りにマッサージします。後はティッシュで拭き取り、寝るだけ。翌朝には見違えるようなつややかな肌になっています。手足のほか、顔、ボディーなど、どこにでも使用できます。

荒れがひどい人は週に2〜3回続けます。すぐによくなった人なら、1〜2か月に1回程度で十分です。

■マッサージして、蒸しタオルで1〜2分

髪の毛が乾燥気味になったと気づいたときにも使います。洗った髪に、手のひらにのせたオイルをつけて、髪をマッサージします。蒸しタオルで1〜2分包み、タオルで拭き取り洗い流してください。

油は好みのものを。私はゴマ油のほか、エゴマ油、オリーブオイル、ココナツオイルなどを使ってきました。それぞれによいところがあります。香りの好き好き、手に入りやすいもの、価格など、自分に合うオイルを見つけてください。最も高いエゴマ油でも中瓶で3000円ほどと、たっぷり使っても安価なのが何よりうれしいのです。

椿油は昔から髪の油として使用されてきた。このほか、オリーブオイル、ゴマ油、ココナツオイル、マッサージオイルなど、好みの基礎的オイル（キャリアオイル）を使用

たっぷりめにつけて念入りに

乾燥ハーブや花のオイル

■見違えるような、つややかな肌に

肌のオイルマッサージ＆パックは、乾燥肌やガサガサに荒れた肌、唇などを活性化させる方法です。マッサージすることで血液の循環がよくなりますから、神経痛やリューマチなどの痛みにもよく、冷え性対策にも有効です。

■直後の直射日光は避ける

オイルマッサージは椿油やオリーブオイルなど、好みのオイルを使ってください。

ここでは、オリーブオイルにさまざまな乾燥ハーブやバラの花を

ラベンダーオイル
（つくり方p112）

紅花オイル
（つくり方p112）

入れて、その色や香りを楽しんでみましょう。ハーブは、細かな粉末状にして加えてもいいでしょう。
顔、ボディー、手足など、どこにでも使えますが、マッサージの後すぐに直射日光を浴びるようなことはシミの原因となりますから避けてください。

ハイビスカスの花のオイル
（つくり方p113）

ローズマリーオイル
（つくり方p112）

バラの花オイル
（つくり方p112）

◆材料（ラベンダーオイル）
オリーブオイル（日本薬局方オリブ油）……50㎖
ラベンダー（乾燥）……1g

ラベンダーオイル

●つくり方

❶オリーブオイルにラベンダーを入れる。
❷毎日振り混ぜながら1週間置いて、使う。保存は冷暗所で2～3か月。

●使い方

オイルはたっぷりめにつけ、ゆっくりと丁寧にマッサージしながらのばしていきます。乾燥した肌、ガサガサに荒れた肌を活性化させます。

顔や唇、ボディー、手足、頭髪など、どこにでも使えます。マッサージの後すぐに直射日光を浴びるようなことはシミの原因となりますから避けてください。

◆材料（バラの花オイル）
オリーブオイル（日本薬局方オリブ油）……50㎖
バラの花びら（乾燥）……1g

バラの花オイル

●つくり方

❶オリーブオイルにバラの花びらを入れる。
❷毎日振り混ぜながら1週間置いて、使う。保存は冷暗所で2～3か月。

●使い方

ラベンダーオイルと同様。

バラの花オイル。乾燥させたバラの花を入れて、毎日振り混ぜて使う

オリーブオイルに乾燥ラベンダーを入れたラベンダーオイル

◆材料（紅花オイル）
オリーブオイル（日本薬局方オリブ油）……50㎖
紅花（乾燥）……1g

紅花オイル

●つくり方

❶オリーブオイルに紅花を入れる。
❷毎日振り混ぜながら1週間置いて、使う。保存は冷暗所で2～3か月。

●使い方

ラベンダーオイルと同様。

ローズマリーオイル

●つくり方

❶オリーブオイルにローズマリーを

紅花オイル　　ローズマリーオイル　　ハイビスカスの花のオイル

◆材料（ハイビスカスの花のオイル）
オリーブオイル（日本薬局方オリブ油）……50㎖
ハイビスカスの花（乾燥）……1g

◆材料（ローズマリーオイル）
オリーブオイル（日本薬局方オリブ油）……50㎖
ローズマリー（乾燥）……1g

入れる。
❷毎日振り混ぜながら1週間置いて、使う。保存は冷暗所で2〜3か月。

●使い方
ラベンダーオイルと同様。

ハイビスカスの花のオイル

●つくり方
❶オリーブオイルにハイビスカスの花を入れる。
❷毎日振り混ぜながら1週間置いて、使う。保存は冷暗所で2〜3か月。

●使い方
ラベンダーオイルと同様。

「美しい」がうれしい

生葉のハーブのオイル

アメリカの台所用品の専門店へ行ったときのこと。一番の驚きはオイルと酢でした。

酢とオイルには、さまざまな色や形のハーブ類が入れられていました。そして、おしゃれな瓶にはリボンがつけられ、棚に並んでいました。オイルや酢が、「おいしい」「身体にいい」だけではなく、実は美しいものであることを、教えられました。

マッサージに使うオイルにも、お気に入りのハーブを加え、色と香りを楽しみましょう。

レモンバームオイル

◆材料（ミントオイル）
オリーブオイル（日本薬局方オリブ油）……50㎖
生のミントの葉……5g

ミントオイル

●つくり方

❶オリーブオイルにミントの葉を入れる。

❷よく振り混ぜて、使う。保存は冷暗所で2〜3か月。

●使い方

オイルはたっぷりめにつけ、ゆっくりと丁寧にマッサージしながらのばしていきます。乾燥した肌、ガサガサに荒れた肌を活性化させます。

顔や唇、ボディー、手足、頭髪など、どこにでも使えます。マッサージの後すぐに直射日光を浴びるようなことはシミの原因となりますから

避けてください。

レモンバームオイル

◆材料（レモンバームオイル）

オリーブオイル（日本薬局方オリブ油）……50㎖
生のレモンバームの葉……5g

●つくり方

❶オリーブオイルにレモンバームの葉を入れる。

❷よく振り混ぜて、使う。保存は冷暗所で2～3か月。

●使い方

ミントオイルと同様。

シソの実オイル

◆材料（シソの実オイル）

オリーブオイル（日本薬局方オリブ油）……50㎖
生のシソの実……5g

●つくり方

❶オリーブオイルにシソの実を入れる。

❷よく振り混ぜて、使う。保存は冷暗所で2～3か月。

●使い方

ミントオイルと同様。

癒し効果が人気、必ず希釈して使用を

エッセンシャルオイル

エッセンシャルオイルは、植物の花、葉、茎、種子、果皮、樹皮などから抽出された「精油」と呼ばれる濃厚な植物由来のオイルです。強い芳香があり、癒し効果があると人気です。しかし、濃厚な分、使い方には注意が必要です。

このエッセンシャルオイルは、肌などにはそのまま使えません。濃厚すぎるので、炎症やアレルギーを起こし、また肌にシミなどをつくる一因となります。

たっぷりの湯にたらして香りを楽しむといった使い方を心がけましょう。

●使い方

1 ほんの少量、1～2滴を風呂にたらして香りを楽しむ。

2 熱い湯に1～2滴たらして、部屋に置く。

3 オリーブオイルや椿油などキャリアオイルに1～2滴たらして（加える濃度は1％以下）、手足や痛む腰などをマッサージするのに用いる。

●注意すること

赤ちゃんや子どもには、治療以外には使わないようにします。妊娠中や授乳中もやめましょう。高血圧症や糖尿病などの持病があるときも、要注意です。購入するときには、それらの情報を話し、確認して買うようにしてください。

くれぐれも、肌に直接つけないようにします。また、エッセンシャルオイルをつけたまま直射日光に当たると、皮膚へ色素沈着が起きる場合があります。希釈したものでも危険は同じです。十分に注意してください。

さらに、エッセンシャルオイルは、直射日光の当たらない冷暗所で保管するようにしてください。

ティーツリーエッセンシャルオイル

クールな芳香が持ち味で、殺菌作用があります。オーストラリアのアボリジニたちは、昔から感染症や怪我の治療に使ってきました。

日本でも、子どもや高齢者、アレルギーをもつ人たちのシラミ治療に、ティーツリーをたらしたオイルマッサージが効果的といわれています。湯にたらして部屋に置いておくと、におい消しや殺菌ができます。

サンダルウッド（ビャクダン）エッセンシャルオイル

ビャクダンの木で作られた扇子の、甘い幻想的な香りでよく知られてい

ます。インドの寺院では、瞑想のときにも使われてきたといわれています。心を安定させる効果があるのでしょう。

アロマテラピーなどにも使われ、癒し効果があると人気のエッセンシャルオイル。種類が豊富で海外で求めたものも

ユーカリエッセンシャルオイル

鮮やかなミントのような香りです。殺菌力があるので、傷の手当てなどにも使われてきました。

(手前左から右に)シナモンエッセンシャルオイル、ビャクダンエッセンシャルオイル、シトロネラエッセンシャルオイル、ティーツリーエッセンシャルオイル、(奥左から右に)ユーカリエッセンシャルオイル、レモンエッセンシャルオイル

レモンエッセンシャルオイル

おなじみのレモンの香りです。吸い込んだだけで疲れが取れていくような、さわやかな香りです。心の再生能力があるのでしょうか。

シナモンエッセンシャルオイル

爽快感のあるニッキの香り。疲れを癒し食欲を増す働きがあります。

シトロネラエッセンシャルオイル

さっぱりしたレモンのほのかな香り、清涼感がただよいます。

エッセンシャルオイル入りアロマオイル

このアロマオイルは、顔には使わずに、髪や身体に使います。香りがよいので、髪や地肌、手足や痛む腰などのマッサージにおすすめです。

◆材料
オリーブオイル（日本薬局方オリブ油）や椿油などの基礎的オイル（キャリアオイル、p102～）……30㎖
好みのエッセンシャルオイル（p116～）……2～3滴（0.3㎖）

楽しみながらマッサージを

●つくり方
好みのエッセンシャルオイルをオリーブオイルや椿油などの基礎的オイルに加えて混ぜる。

加えるエッセンシャルオイルの濃度は1％程度以下に。肌の弱い人や初めて使用する人、子どもや高齢者は、さらにその半分程度の濃度から始めるとよい。保存は冷暗所で数か月。

●使い方
手のひらに数滴とり、髪の毛や地肌をよくマッサージし、洗い流して、シャンプーをします。また、手足やボディーに多めにつけ、マッサージをします。

ワンポイント・アドバイス

**◎日本でも増加
頭しらみの駆除にティーツリーオイルを**

ティーツリーエッセンシャルオイルには殺菌効果があります。そのため、頭しらみなどの駆除にも有効です。

日本では、このところ子どもの頭しらみが増えていますが、アメリカやヨーロッパでは一年を通して発生しています。清潔な髪の毛にもつき、成虫や卵は耳の後ろや生え際など、シャンプーしていても意識しないと落ちにくいところに見つかっています。

治療薬ではアレルギーや皮膚炎が起き、またしらみが薬剤耐性になり薬が効かないなどの問題が指摘されています。こうしたオイルによるマッサージならより安心、安全です。また、水虫にも効果的とされています。

つくり方や使い方は「エッセンシャルオイル入りアロマオイル」と同様。ティーツリーエッセンシャルオイルを数滴、基礎的オイルに加えてつくります。

肌のオイルパック

最もナチュラルなパック方法です。使うのは純粋のオイルまたはワセリン。肌や唇が乾燥して、しっかりケアしたほうがよいときにおすすめです。即効性の効き目があります。

肌が炎症を起こしているときや唇が切れている場合は、マッサージはやめたほうが賢明です。肌にやさしくのせるオイルパックを試してください。

◆材料

オリーブオイル（日本薬局方オリブ油）、またはワセリン（p84）……少々

＊そのほかゴマ油、エゴマ油、椿油など好みの油を使用してもかまわない

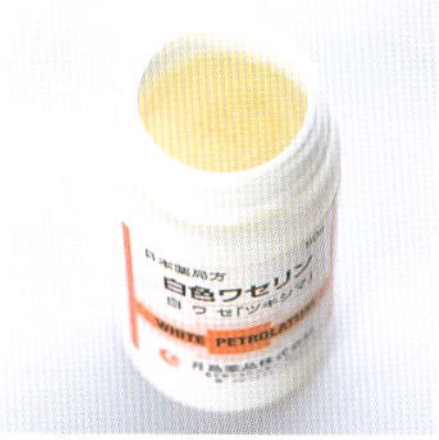

ワセリンはアトピー性皮膚炎や超敏感肌の人にもおすすめ

●つくり方

オリーブオイルや椿油はにおいがないのでそのまま使う。ワセリンもそのまま使う。

ゴマ油、エゴマ油なども、そのまま使用してかまわないが、においが気になる人は煮沸してから（p104）、使うとよい。

●使い方

肌や唇が乾燥しているときは、まずせっけんで汚れを洗い落とし（炎症が起きていてせっけんで洗えないときは、そのままでよい）、水でよくすすぎます。化粧水をつけ（炎症が起きているときは、つけなくてもよい）、オイルまたはワセリンを乾燥した箇所にのばしつけます。

両手を顔に当てて温める気持ちで、静かに指圧します。このとき、こすらないようにすることが大切です。ティッシュペーパーを顔にのせ、余分なオイルを静かに押さえて取り除きます。

顔のほか、ひざ、ひじ、かかとなどのかたくなった皮膚や乾燥した箇所にも有効です。

ワセリンは刺激性が少なく、とくにアトピー性皮膚炎や超敏感肌の人も使うことができます。ただし、敏感肌の人ほどマッサージはせずに、ワセリンを静かに肌にのせる程度にすることが大切です。すり込むと、肌に吸収されやすくなり、刺激になりますから。

また、これもだれにでも合うというわけにはいかないようです。「ワセリンでさえも赤くなった」という知人もいました。使用前には、合うかどうか、パッチテストをお忘れなく。

塩で洗うと、気持ちいい

ラベンダーとバラの塩マッサージ

難病の膠原病になり、大阪の甲田光雄医師の指導で断食を体験しました（詳しくは『病と闘う食事』創森社刊）。

そのとき甲田医師から注意されたことは、水を一日に2ℓ以上飲むこと、身体も髪も洗わないことでした。水の大切さはよくわかるものの、「洗わない」ことは驚きでした。せっけんやボディーシャンプーで身体を洗うことは皮脂を取り除くこと、免疫力を落とすことだというのです。

「アカは?」「かゆくなる?」と心配したのですが、まったくアカはでません。かゆくなりません。以来、身体はせっけんで洗わずに塩で洗っています。さっぱりして、とても気持ちがいいですよ。

ラベンダー塩

自然塩は粗いので、初めての人が皮膚につけると、痛い感じがするかもしれません。すり鉢やゴマすり器などですると、肌にも幾分やわらかなあたりになります。そのときに、ラベンダーを少し加えてみてください。香りを楽しみながら洗えます。

●つくり方

自然塩に乾燥したラベンダーを混ぜ、すり鉢などでする。

●使い方

まず体をよく温めてください。手のひらにラベンダー塩をとり、顔、首、胸、腰、背中、手足に少しずつ置いていきます。ついで、顔を軽くマッサージしながらこすります。首、胸……と同じようにマッサージしていきます。ヒリヒリする前に、ぬるま湯で洗い流します。

バラ塩

バラの色、香りを楽しめる塩です。するときに、バラの花びらを乾燥させたものを混ぜ込んでつくります。

●つくり方、使い方

ラベンダー塩と同様。

ハーブなどを加えず、塩のみでマッサージしても

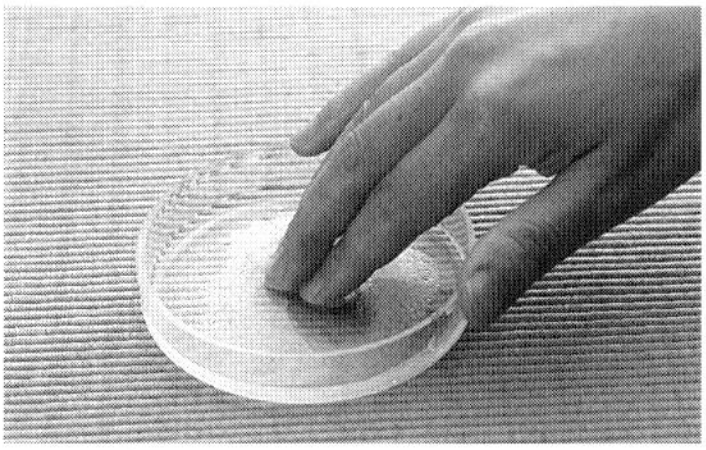
少量の水に溶かして手のひらにとり、マッサージを開始。慣れれば溶かさず、そのままでも

◆材料（ラベンダー塩）
自然塩……適宜
ラベンダー（乾燥）……適宜

◆材料（バラ塩）
自然塩……適宜
バラの花（乾燥）……適宜

薬草・野草の利用部位、薬効、保存法リスト

本書では、薬草やハーブなどを使った化粧品のつくり方を数多くご紹介しています。そのほか、お茶に、焼酎漬けにと利用法はさまざま。旬の時期に干すなどして保存しておくと、とても重宝します。利用部位、および干し方は、とくにお茶にして飲むときに便利な方法を記しました。

春

- カキドオシ（花が咲いたときに、地上部全部）利尿、解毒、消炎、血糖を下げる作用「陰干し」
- スギナ（地上部全部）熱を下げ、咳を抑える、利尿作用「陰干し」
- ウコギ（根、若葉、花、茎）肝臓、腎臓、筋骨を強める。リューマチ、腰痛に「若葉、花、茎は陰干し、根は日干し」
- サンショウ（葉と果実）健胃整腸、利尿、消化不良「葉は陰干し、果実は日干し」
- ハハコグサ（花が咲いたときに、地上部全部）利尿、咳を抑える、痰をとる「陰干し」
- ニガナ（花が咲いたときに、地上部全部）健胃、消炎、消化不良「陰干し」
- アケビ（花の咲いているときに切り取る。茎）消炎、利尿、痛みをとる、むくみ「日干し」
- アカザ（花が咲く前に、地上部全部）健胃、強壮、解毒、動脈硬化「陰干し」
- オオバコ（地上部全部）利尿、ナトリウムを体の外に出す、咳を抑え、痰をとる「陰干し」
- コブシ（花のつぼみ）蓄膿症、頭痛、頭重、鼻詰まり、鼻炎「陰干し」
- タンポポ（花、葉、根）利尿作用、健胃、寝汗、便秘「花や葉は陰干し、根は日干し」

夏

- ドクダミ（花が咲いたときに、地上部全部）利尿、緩下作用、高血圧予防、解毒「陰干し」
- ユキノシタ（花が咲いたときに、地上部全部）熱を下げ、咳を止め、炎症を抑え、解毒、内臓の働きを強める「陰干し」
- ツユクサ（花が咲いたときに、地上部全部）熱を下げ、気管支喘息、腫れ物などの炎症を抑える、冷え性「陰干し」
- 柿（ヘタ、葉）葉に含まれるビタミンCで免疫力を高める、高血圧症、動脈硬化症、内臓出血「蒸し器で2〜3分蒸し、陰干し、刻む」
- ヨモギ（地上部全部）体を温める、冷えによる腰痛・腹痛、食欲増進に「陰干し」
- オトギリソウ（花が咲いたときに、地上部全部）痛みをやわらげる、利尿「陰干し」
- 紅花（花）頭痛、婦人病、冷え性、貧血、肩こり「陰干し」

秋

●カボチャ（種）のどの痛み、痰をきる「日干し」
●赤シソ、青シソ（花が咲いたときに、地上部全部）汗を出し、熱を下げ、咳を抑える。気持ちを静める。胃腸の働きを整える「陰干し」
●ゲンノショウコ（花が咲いたときに、地上部全部）食あたり、下痢、整腸、利尿「陰干し」
●アキノキリンソウ（花が咲いたときに、地上部全部）健胃、利尿「陰干し」
●ツキミソウ（花が咲いたときに、地上部全部）更年期障害、咳の発作を鎮める「陰干し」
●ボケ（果実）強壮、咳止め、痛みをやわらげる「輪切りにして刻み、日干し」
●ノイバラ（果実）疲労回復、不眠症「刻んで日干し」
●カリン（果実）咳を抑え、痛みをやわらげ、整腸、疲労回復、下痢「1㎝厚さの輪切りにし、さらに刻んで日干し」
●クコ（果実、葉）強壮、強精。貧血、腰痛、めまい、肝臓疾患「果実は最初は陰干し、シワが出たら日干し。葉は陰干し」
●ザクロ（果実）駆虫作用、子宮頸がんの増殖抑制「日干し」
●ハトムギ（果実）利尿、消炎、肌荒れ、痛みをとる「日干しにし、殻を取る。殻つきは炒る」
●ツヅラコまたはツヅラフジ（茎、根、果実）利尿、鎮痛、消炎、むくみや水腫、腹水に「日干し」
●マタタビ（果実）血行をよくし、痛みをやわらげる。リューマチ、神経痛に「日干し」
●ゴボウ（根、果実）炎症を抑え、むくみ、利尿、便通をよくする「日干し」
●ナギナタコウジュ（花が咲いたときに、地上部全部）利尿、発汗、解熱「陰干し」

冬

●ミカン（皮）健胃、咳や痰を抑え、血行をよくし、肌をつややかにする「日干し」

一年中

●玄米（米粒）気力を養い、五臓をやわらげる「炒る」
●クマザサ（葉）貧血、高血圧、動脈硬化症、胃もたれ「陰干し」
●ローレル、月桂樹（葉）消化剤、食欲増進、血行をよくする「陰干し」
●ソバ（果実）ビタミンB_1、B_2、鉄などが含まれるので栄養補給になり、熱を下げ、解毒作用が。ルチンによる毛細血管を強くする働きもある「炒る」
●ダイコン（葉）血行をよくする「陰干し」
●トウガラシ（実）血行をよくする「日干し」
●カモミール（花、茎、葉）血行をよくし、ストレス解消、発汗作用「陰干し」
●レモンバーム（花、茎、葉）血行をよくし、ストレス解消、発汗作用「陰干し」
●ミント（茎、葉）血行をよくし、ストレス解消、発汗作用「陰干し」

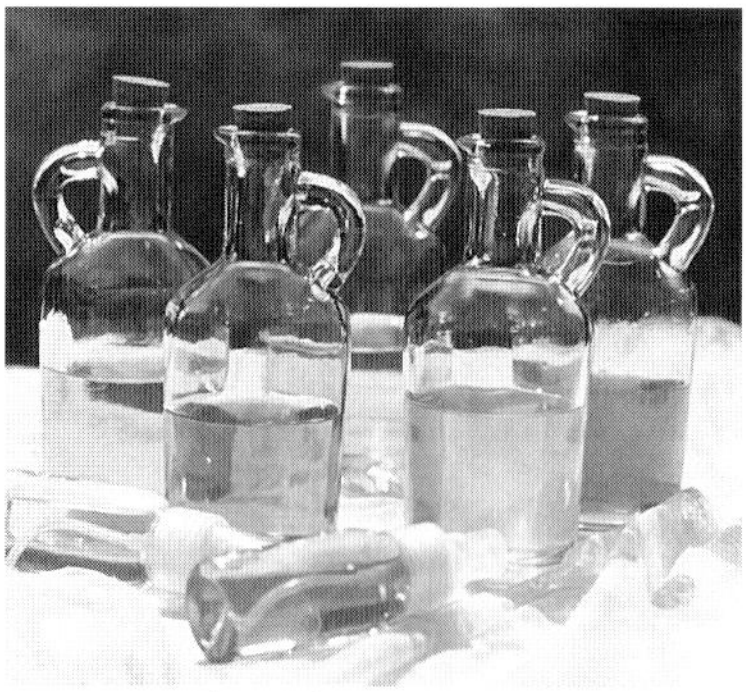

思う存分、色や香りを楽しんで

●

ハーブや漢方薬、野菜など身近な素材を
使って内から外から美しくなる

撮影協力＝暮らし研究工房
デザイン＝ベイシックデザイン
（中島真子十久保田和男）
撮影＝熊谷正ほか
編集＝いわかみ麻織
校正＝中村真理

●著者プロフィール
境野米子（さかいの こめこ）
群馬県前橋市生まれ。千葉大学薬学部卒業後、東京都立衛生研究所にて食品添加物、残留農薬、重金属汚染などを研究。福島県に転居後、土に根ざした暮らし、自然にやさしい暮らしを願い、有機農業運動に深くかかわる。現在、生活評論家、薬剤師。築150年の萱葺き屋根の古民家を再生して住み、食・農・化粧品などの研究を続けるかたわら、講演会、講習会などで手づくり化粧品、自然食・穀菜食・伝統食をとり入れた暮らしを提唱している。
著書に『病と闘う食事』、『おかゆ一杯の底力』、『一汁二菜』、『玄米食 完全マニュアル』、『病と闘うジュース』（ともに創森社）、『安心できる化粧品選び』（岩波書店）など。

素肌《すはだ》にやさしい手《て》づくり化粧品《けしょうひん》

2005年 8 月25日　第 1 刷発行
2012年 6 月19日　第 3 刷発行

著　　者 —— 境野米子《さかいのこめこ》

発 行 者 —— 相場博也
発 行 所 —— 株式会社 創森社
〒162-0805 東京都新宿区矢来町96-4
TEL 03-5228-2270　FAX 03-5228-2410
http://www.soshinsha-pub.com
振替 00160-7-770406
印刷製本 —— プリ・テック株式会社

　ISBN978-4-88340-193-2 C0077

〝食・農・環境・社会〟の本

創森社　〒162-0805 東京都新宿区矢来町96-4
TEL 03-5228-2270　FAX 03-5228-2410
http://www.soshinsha-pub.com
＊定価（本体価格＋税）は変わる場合があります

農的小日本主義の勧め　篠原 孝 著　四六判288頁1835円
ミミズと土と有機農業　中村好男 著　A5判128頁1680円
身土不二の探究　山下惣一 著　四六判240頁2100円
炭やき教本 ～簡単窯から本格窯まで～　恩方一村逸品研究所 編　A5判176頁2100円
ブルーベリークッキング　日本ブルーベリー協会 編　A5判164頁1600円
有機農業の力　星 寛治 著　四六判240頁2100円
家庭果樹ブルーベリー ～育て方・楽しみ方～　日本ブルーベリー協会 編　A5判148頁1500円
エゴマ ～つくり方・生かし方～　日本エゴマの会 編　A5判132頁1680円
農的循環社会への道　篠原 孝 著　四六判328頁2100円
炭焼紀行　三宅 岳 著　A5判224頁2940円
農村から　丹野清志 著　A5判336頁3000円
台所と農業をつなぐ　大野和興 編　山形県長井市・レインボープラン推進協議会 著　A5判272頁2000円
雑穀が未来をつくる　国際雑穀食フォーラム 編　A5判280頁2100円
一汁二菜　境野米子 著　A5判128頁1500円

薪割り礼讃　深澤 光 著　A5判216頁2500円
熊と向き合う　栗栖浩司 著　A5判160頁2000円
立ち飲み酒　立ち飲み研究会 編　A5判352頁1890円
土の文学への招待　南雲道雄 著　四六判240頁1890円
ワインとミルクで地域おこし ～岩手県葛巻町の挑戦～　鈴木重男 著　A5判176頁2000円
すぐにできるオイル缶炭やき術　溝口秀士 著　A5判112頁1300円
病と闘う食事　境野米子 著　A5判224頁1800円
百樹の森で　柿崎ヤス子 著　四六判224頁1500円
ブルーベリー百科Q＆A　日本ブルーベリー協会 編　A5判228頁2000円
焚き火大全　吉長成恭・関根秀樹・中川重年 編　A5判356頁2940円
納豆主義の生き方　斎藤茂太 著　四六判160頁1365円
つくって楽しむ炭アート　道祖土靖子 著　B5変型判80頁1575円
豆腐屋さんの豆腐料理　山本久仁佳・山本成子 著　A5判96頁1365円
スプラウトレシピ ～発芽を食べる育てる～　片岡芙佐子 著　A5判96頁1365円

玄米食 完全マニュアル　境野米子 著　A5判96頁1400円
手づくり石窯BOOK　中川重年 編　A5判152頁1575円
農のモノサシ　山下惣一 著　四六判256頁1680円
東京下町　小泉信一 著　四六判288頁1575円
豆屋さんの豆料理　長谷部美野子 著　A5判112頁1365円
雑穀つぶつぶスイート　木幡 恵 著　A5判112頁1470円
不耕起でよみがえる　岩澤信夫 著　A5判276頁2310円
薪のある暮らし方　深澤 光 著　A5判208頁2310円
菜の花エコ革命　藤井絢子・菜の花プロジェクトネットワーク 編著　四六判272頁1680円
市民農園のすすめ　千葉県市民農園協会 編著　A5判156頁1680円
手づくりジャム・ジュース・デザート　井上節子 著　A5判96頁1365円
竹の魅力と活用　内村悦三 編　A5判220頁2100円
農家のためのインターネット活用術　まちむら交流きこう 編　竹森まりえ 著　A5判128頁1400円
実践事例 園芸福祉をはじめる　日本園芸福祉普及協会 編　A5判236頁2000円

〝食・農・環境・社会〟の本

http://www.soshinsha-pub.com

創森社　〒162-0805 東京都新宿区矢来町96-4
TEL 03-5228-2270　FAX 03-5228-2410
＊定価（本体価格＋税）は変わる場合があります